徐州市城市园林绿化特色风貌研究

Study on the Characteristic Style of Urban Landscaping in Xuzhou City

杨瑞卿　余　瑛　谷　康　著

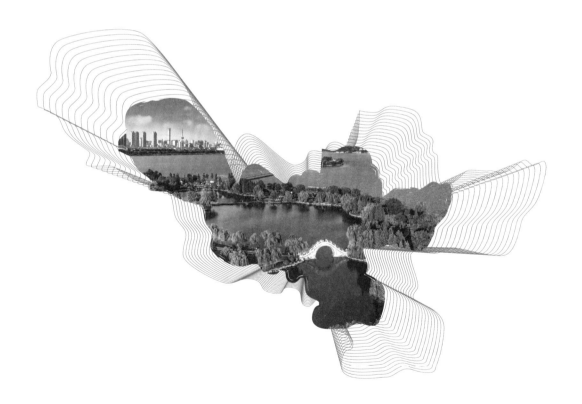

中国林业出版社
China Forestry Publishing House

图书在版编目（CIP）数据

徐州市城市园林绿化特色风貌研究 / 杨瑞卿, 余瑛,
谷康著. -- 北京：中国林业出版社，2020.9
ISBN 978-7-5219-0787-2

Ⅰ.①徐… Ⅱ.①杨… ②余… ③谷… Ⅲ.①园林—
绿化—研究—徐州 Ⅳ.①S732.533

中国版本图书馆CIP数据核字(2020)第174235号

责任编辑：何增明 王 全
出版 中国林业出版社（100009 北京市西城区刘海胡同7号）
　　　http://www.forestry.gov.cn/lycb.html 电话：（010）83143517
发行 中国林业出版社
印刷 北京博海升彩色印刷有限公司
版次 2020年10月第1版
印次 2020年10月第1次印刷
开本 787mm×1092mm 1/16
印张 10
字数 230千字
定价 99.00元

前　言
PREFACE

　　城市风貌是城市自然、人文因素凝练的城市物质空间意象以及人们的审美感受，既反映了城市的空间景观、神韵气质，又蕴含着地方的文化特质和市民的情感寄托。我国正处在快速城市化时期，在这个发展过程中，很多城市浓郁的特色风貌正在逐渐丧失，正如《北京宪章》所指出的："技术和生产方式的全球化带来了人与传统地域空间的分离，地域文化的多样性和特色逐渐衰微、消失，城市和建筑物的标准化和商品化致使建筑特色逐渐隐退，建筑文化和城市文化出现趋同现象和特色危机"。2016年2月6日，中共中央、国务院颁布的《关于进一步加强城市规划建设管理工作的若干意见》明确提出"提高城市设计水平，塑造城市特色风貌"。

　　城市绿地景观是城市空间格局和城市风貌的重要组成部分，是城市自然、历史、情感、艺术相互交融的结晶，它不仅给城市带来勃勃生机，滋养市民身心，也是展现城市特色和魅力的重要内容之一。

　　"青嶂四周迎面起，黄河千折挟城流"（清·邵大业《徐州》），徐州冈岭四合，山水相济，山水格局极富特色；作为拥有6000多年文明史和2600多年建城史的历史文化名城和两汉文化的发源地，徐州地域文化源远流长。新中国成立后，特别是进入21世纪以来，徐州市委、市政府坚持把生态文明建设摆在突出位置，团结带领全市人民，通过"显山露水"、"荒山绿化"、"精品园林"、"塌陷地治理"等一系列生态文明建设工程，使徐州实现了"一城煤灰半城土"到"一城青山半城湖"的华丽蝶变。园林绿地景观建设中，充分依托自然山水的独特风光和"徐风汉韵"的文化积淀，从自然山水中塑造绿地景观的形，从历史文脉中挖掘绿地景观的根，从人文精神中凝聚绿地景观的魂，孕育出"自然山水恢弘大气，园林景观舒扬雄秀，彰楚风汉韵，厚重清越"的徐派园林风貌特色。在徐州市生态文明建设基金会、徐州市生态文明建设研究院、徐州市徐派园林研究院的支持下，我们对徐州市城市园林绿化特色风貌进行了研究，本书即是这一研究成果的总结。

　　全书共分五章，第一章绪论，概要介绍了本课题的研究背景、意义、国内外研究概况、研究内容、方法和技术路线；第二章徐州市城市绿地景观资源，从城市的自然资源、历史文化资源、城市绿地发展空间三个方面对徐州市城市绿地景观资源进行了分析；第三章徐州市城市绿地景观风貌特色，从宏观、中观、微观三个层次对徐州市城市绿地景观风貌特色进行了研究、提炼和总结；第四章徐州市城市绿地景观资源和格局的定量评价，对徐州市城市绿地景观资源进行了定量评价和等级的划分，对城市绿地景观格局从斑块特征、景观多样性、连接度、渗透度等方面进行了研究；第五章徐州市城市绿地景观风貌提升对策，对绿地景观资源在城市绿地景观风貌营建中的应用进行了深入分析，提出了徐州市城市绿地景观风貌的提升对策。

本书由徐州工程学院环境工程学院副教授、徐派园林研究院特约研究员杨瑞卿，徐派园林研究院研究员余瑛，南京林业大学风景园林学院谷康副教授共同编著。编著过程中，徐派园林研究院秦飞院长提供了大量资料并对全书进行了审核修订；徐州市市政园林局、徐州市摄影家协会和各区园林部门给予了大力协助；中国林业出版社的编辑们就本书的编辑、校对和出版等做了大量细致的工作，在此特向他们表示由衷的感谢。

城市特色风貌研究内涵丰富，涉及学科门类多，受作者知识和能力所限，书中难免存在疏漏和欠妥之处，切望得到读者的批评指正。

著者
2020年7月

目 录
CONTENTS

第1章 ‖ 绪 论

自从世界第一座城市诞生以来，无数城市在地球这颗星球上留下层层叠叠的印记，那些具有强烈地域气息、特色鲜明的城市，虽历经岁月的洗礼，曾经的辉煌已经褪去甚至消失，却仍留给人们永久的记忆。土耳其诗人纳乔姆·希格梅有一句名言："人的一生中有两样东西是永远不能忘记的，这就是母亲的面孔和城市的面貌。"

城市面貌是一座城市在人的感知层面上区别于其他城市的形态表征，每个城市都应有属于自己的独特语言和面貌，北京的故宫、纽约的自由女神像、意大利的威尼斯水城……别具一格的城市建筑和格局是城市的闪亮名片，向世人展示着所在城市的地域特色、历史文化、风土人情，甚至蕴涵着城市的价值追求和发展理念。

我国地大物博，山水资源丰富，悠久的历史和风格各异的地域文化使得每个城市都有着独特而鲜明的城市风貌，北京的四合院，苏州的古典园林，南京的秦淮河，都是我国历史城市别具一格的风貌特色，散发着永久的独特魅力。而近几十年来，虽然我国的城市建设日新月异，但城市风貌特色塑造却成了"被遗忘的角落"，"千城一面"使城市失去了固有的魅力，满目雷同的高楼大厦使人产生审美疲劳，并失去"留恋"的情怀。

作为城市风貌重要组成部分的城市绿地景观，同城市其他景观一样，在建设中也存在着"盲目模仿""贪大求洋"的做法，难以展现地域特色。在这种背景下，如何以更加理性的态度进行城市绿地景观建设，保护并塑造城市绿地景观风貌特色就成为城市建设和研究者面临的一项重要任务。

风貌、城市风貌与城市绿地景观风貌

风貌，原指人的风采容貌，晋张华《博物志·卷六·人名考》有："凯有风貌"句。后亦用作指事物的面貌、格调，清王士禛《池北偶谈·谈艺二·忆秦娥词》有："破簷数椽，风貌朴野。"还用于泛指一个地方的人文特征和地质面貌。

城市风貌作为城市规划与设计领域的一个概念，在我国从20世纪80～90年代开始逐步被提及，之后越来越受到重视。有关城市风貌的说法很多，如郝慎钧翻译的日本学者池泽宽的《城市风貌设计》一书中指出："城市风貌是一个城市的形象，反映出一个城市的特有景观和面貌、风采和神态，表现了城市的气质和性格，……总之，城市风貌是一个城市最有力、最精彩的高度概括"；张继刚在《二十一世纪中国城市风貌探》中的定义是："城市风貌，简单地讲就是城市抽象的、形而上的风格和具象的、形而下的面貌"；彭远翔在《山地风貌及其保护规划》一文中解释为："城市风貌即城市的风格和面貌，是自然因素和人类活动综合作用的结果"；台湾中原大学建筑研究所都市设计研究室在相关研究中认为："城市的风貌是城市环境整体的呈现，包括了建筑物、人为的工程建设、植栽、地形地貌以及自然环境的特殊元素，而其呈现的结果是居民透过各阶段的经营机制建构而成的。因此，城市的风貌是在特定的历史社会背景中具体反映了集体生活经验及营建法则"；俞孔坚认为，城市风貌中的"风"是风貌的内涵，表现为城市人文历史层面上的精神特征，涉及城市风俗、传统活动等方面；城市风貌中的"貌"是风貌的外显，反映为城市物质层面上的外在表现，是城市各物质要素形态和空间的整合，是"风"的载体；余柏椿认为，城市风貌与城市风格、城市风情意义相似，是城市中物化了的外在形态与内隐的人文的综合体现；黄琦认为，城市风貌是城市在发展过程中，由自然景观和人造环境的综合塑造而形成的物质空间形态表征，同时反映了地方环境、文化、风俗与经济条件等内涵特征，是一个城市区别于其他城市的重要属性；蔡晓丰则认为，"城市风貌是通过自然景观和人造景观体现出来的城市文化和城市生活的环境特征。风貌中的'风'是城市社会习俗、风土人情等软性因素方面的表现，'貌'则是城市有形形体和无形空间形成的环境特征的综合，是'风'的载体，两者相辅相成"，城市风貌载体分为五种类型：城市风貌圈、城市风貌区、城市风貌带、城市风貌核、城市风貌符号，该定义强调了城市物质环境对城市非物质文化的承载与体现。

作者认为，城市风貌是城市自然环境和人文历史在特定时期的综合作用下表现出的城市的特有风采和面貌，是一个城市外在形象和内在气质的完美融合。

城市绿地景观风貌是城市绿地景观所展现出来的风采和面貌，是城市在不同时期历史文化、自然特征和市民生活的长期影响下形成的整个城市的绿地环境特征和空间组织，同时也是以人的视角，观察和体验城市绿地空间和环境，以及构成城市绿地景观的建筑、公共设施等多种视觉要素后给人留下的感官印象，它是具体的，与人的活动和体验密不可分的。

1.2 研究背景和意义

　　城市作为人类聚居的主要形式，是社会生产力发展到一定阶段的产物。18世纪中叶的工业革命尤其是20世纪后半叶的城市化浪潮，有力地推动了城市发展，城市数量迅速增长，城市规模不断扩张，同时给城市特色的传承造成很大冲击。前英国皇家建筑师学会会长帕金森（Parkinson）曾指出："我们的城市正在趋向同一个模样，这是很遗憾的，因为我们生活中许多情趣来自多样化和地方特色"。

　　改革开放以来，随着经济快速发展，我国的城市化进程逐渐加速，城市的数量已从新中国成立前的132个增加到2018年的661个，城市化水平也由7.3%提高到59.58%。在快速的城市化进程中，我国的城市建设也出现了一系列问题：楼房越来越高，城市独特的历史文化积淀被欲望的洪流所淹没，城市的特色正逐步丧失……正如《北京宪章》所指出的："技术和生产方式的全球化带来了人与传统地域空间的分离，地域文化的多样性和特色逐渐衰微、消失，城市和建筑物的标准化和商品化致使建筑特色逐渐隐退，建筑文化和城市文化出现趋同现象和特色危机"。为解决这些问题，许多研究者开展了相关研究，探索城市特色建设之路。2016年2月6日，中共中央、国务院颁布的《关于进一步加强城市规划建设管理工作的若干意见》明确提出"提高城市设计水平，塑造城市特色风貌"的目标任务，为新时期城市特色风貌的规划和建设指明了方向，也为业界深入探索城市特色风貌的理论和实践赋予了时代命题。

　　城市绿地景观风貌是绿地景观作为视觉景象、作为系统和文化符号的综合体现。城市绿地景观风貌的营建，不仅给城市居民以及外地游人一个休闲娱乐的空间，也对传达城市文化、强化城市特色景观、塑造城市自身风貌品质、完善城市功能布局起到重要的作用。对城市绿地景观风貌的研究和评价有益于深刻认识城市形态、城市地域文化精神与城市绿地景观等方面的关系，在充分解读城市的风貌要素，将城市形态、地域文化精神等与城市绿地景观进行更好的融合的基础上，突出展现主导因子，才能营造出个性鲜明、给人留下深刻印象的城市绿地景观风貌，进而为城市特色的打造提供持续不断的动力和竞争力。

　　本研究汲取国内外城市景观及城市绿地景观风貌特色的研究成果，立足于徐州自然特征与历史文化特征分析，从宏观、中观、微观三个层次对徐州市城市绿地景观风貌特色进行研究，并从城市绿地景观格局的组成要素分析出发，对基于网络布局的绿地景观格局做系统分析，目的在于引起业界对徐州市城市绿地景观地域特色的深度思考，探讨城市绿地景观风貌在挖掘、保育、营造徐州市地域特色中的作用与贡献，并对其提升和优化提出策略和建议，以期为进一步彰显徐州市城市绿地景观风貌特色提供科学依据，为改善正在消失的城市地域特色注入活力，同时为其他城市风貌特色的塑造提供一定的借鉴作用。

国内外研究概况

国内外对于城市风貌、城市特色的研究很多，对于城市风貌和城市特色的理解，仁者见仁，智者见智，不同学者有不同见解，角度各异，各有侧重。

1.3.1　国外研究概况

国外对于城市特色的相关研究早于国内，而且研究范围也较广泛，涉及自然地理学、社会学、环境心理学、建筑学等很多学科，如：F·吉伯德在《市镇设计》中结合大量实例从历史和视觉的美学理论、总平面图、城市中心、工业、居住区五个方面，对城镇特色和艺术性进行了探索；麦克哈格在《设计结合自然》中从生态的角度提供了一种塑造城市特色的方法；美国学者格林汉姆在《维持场所精神——城市特色的保护过程》中描述了构成城市识别性的成分、形体环境特征和面貌；阿尔多·罗西在《城市建筑学》中提出运用类型学方法分析城市特色等，这些早期的研究论著对现代城市特色研究的启示和引导是不容忽视的。

自从产业革命以来，西方国家的快速建设使得城市文化的缺失和地域特色的严重不足等问题不断凸显。基于这样的城市现状，在19世纪末和20世纪，许多具有建设性的全新的思想理论和研究成果纷纷出现，这些研究从不同的角度对"城市更新"所带来的一系列城市问题进行了深刻的反思和探讨，同时也对城市风貌的概念进行了进一步的拓展和研究，如帕特里克·格迪斯首次将"区域"的概念引入到城市规划中，他认为城市需要与区域相互联系、协同发展，充分调动居民对所在区域环境建设的积极性，并不断加强关注度和参与度；刘易斯·芒福德认为地区文化与城市之间始终是相互影响的关系，因此社会与个人的发展必须与地区文化协调一致；简·雅各布斯的《美国大城市的死与生》引发了城市规划界的思考，唤醒了人们对城市建设的反思和规划理念的批判；C·亚历山大通过对城镇、建筑、结构之间的联系进行研究，提出了建筑的使用者比任何建筑设计师都更了解什么才是他们真正所需要的建筑。这个时期城市的研究重点主要偏向公众的参与、居住环境的改善等方面，这些研究成果及理论无疑开拓了城市研究的新方向，同时也推动了城市风貌相关研究的不断完善；凯文·林奇主要从环境意象和城市形态两个方面进行城市环境的研究，强调城市意象是个别印象经过叠加而形成的公众意象，提出了城市意象构成的五种要素（道路、边界、区域、节点、标志物），该理论的核心在于强调塑造城市特色的重要性及必要性，同时提出了城市意向各种构成要素的关联性，认为城市应该是一个可感知、可识别的物质和文化的载体，通过对这些城市要素的挖掘和整理，可以强化城市特色，提升城市风貌。

1.3.2　国内研究概况

我国有关城市风貌的研究开始于20世纪80年代以后。改革开放使我国的城市建设面临了前所未有的机遇和挑战，同样不能够忽视的是改革开放也引发了一系列的城市建设所带来的城市风貌问题，对于城市风貌及城市特色问题的关注度随之不断加强，对城市风貌以及城市特色的研究也呈不断上升趋势。国内对城市风貌的研究大致分为20世纪80年代、90年代及2000年后三个阶段，随着研究的不断深入，研究内容逐渐丰富，研究方向越来越精细化，王敏在《20世纪80年代以来我国城市风貌研究综述》中对此进行了较详细的总结。

国内对城市特色风貌的研究可大致分为两个方向：理论型研究和应用型研究，其中理论型研究是对其含义、认知方法、评价及规划等方面所进行的研究，如王建国、余柏椿、马武定、张钦楠、张继刚、司马晓、杨华等的相关研究。

 # 研究内容、方法和技术路线

1.4.1　研究内容

本研究的内容包括徐州市城市绿地景观资源、城市绿地景观风貌特色、城市绿地景观格局的分析与评价和城市绿地景观特色风貌提升对策四个方面。

徐州市城市绿地景观资源分析与评价。从城市的自然景观资源（山体水系、地形地貌、气候植被、土壤生物）、人工景观资源（不同时代的代表性街区与代表性建筑、传统街巷、各级文物保护单位）、人文景观资源（宗教信仰、礼仪节庆、风俗习惯、传统艺术、传统工艺等非物质文化）等方面对徐州市城市绿地景观资源进行分析，在此基础上，运用定性与定量相结合的方法，对徐州市城市绿地景观资源进行评价并进行等级的划分。

徐州市城市绿地景观风貌特色研究。立足于城市绿地景观资源，从宏观（风貌圈）、中观（风貌带、风貌区、风貌核）、微观（风貌符号：山、水、植物、建筑）三个层次对徐州市城市绿地景观风貌特色进行分析和研究，通过研究，对徐州城市绿地景观风貌特色进行提炼和总结。

徐州市城市绿地景观格局研究。以QuikBird-2卫星图像为主要信息源，在对徐州市城市绿地现状进行遥感影像分析和地面调查的基础上，以景观生态学及城市绿地系统生态学等相关理论为依据，采用"3S"技术，从斑块数量和特征、景观多样性、景观连接度、景观渗透度等方面对徐州市城市绿地景观格局进行研究。

徐州市城市绿地景观风貌提升对策。根据徐州市城市绿地景观资源评价结果及城市绿地景观风貌营建现状，对城市绿地景观资源在城市绿地景观风貌营建中的应用进行深入分析，在此基础上，提出徐州市城市绿地景观风貌的提升对策。

1.4.2　研究方法

1. 学科交叉相融

突破单一学科框架，争取多学科支撑，体现景观生态学、地理学、风景园林学、城乡规划、社会学等学科交叉，力争吸收各学科理论之所长，提供更全面的分析问题、解决问题的思路方法，以求更加科学、全面、系统、动态的研究与实践。

2. 技术方法应用

利用收集与统计资料技术，GIS技术与Fragstats格局分析技术，量表技术和指标制定技术，问卷调查法，专家咨询法等，实现景观资源评价分析、绿地景观格局、空间形态等特征的分析。

3. 定量—定性结合

定量分析与定性评价相结合的研究方法贯穿于整个研究过程，例如针对城市绿地景观资源评价、景观格局分析等问题。定量分析与定性评价相结合可提高研究的科学性。

4. 宏观—微观结合

从分析问题到解决问题，从宏观、中观和微观层面出发，以不同尺度的绿地景观分析对应得出不同的解决途径，提供宏观思路与微观策略。

5. 逻辑分析—统计分析结合

注重将逻辑分析方法如比较与分类、分析与综合、归纳与演绎与统计分析方法如表格法、图示法两者相结合进行分析。

6. 理论—实践结合

将课题提出的关联分析系统与评价指标体系应用于徐州市城市绿地景观风貌研究，理论指导实践，实践修正理论，以确保研究成果更加科学合理。

综上，本研究具体通过文献研究，全面把握现有研究成果，明确研究切入点、方向与重点；实地调查，获取有关资料，扩大感性认识，启发理性思维；数据分析，通过将相关数据处理分析得到直观化结果；系统研究，把感性材料上升为理性认知。

1.4.3 研究技术路线

研究技术路线如图1.4-1。

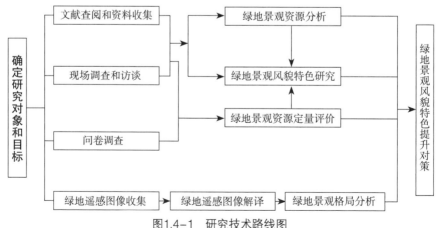

图1.4-1 研究技术路线图

第 2 章 ‖ 徐州市城市绿地景观资源

徐州市位于江苏省西北部，苏、鲁、豫、皖四省交界处，是苏北最大的城市，江苏省重点规划建设的三大都市圈核心城市和四个特大城市之一，也是新亚欧大陆桥中国段五大中心城市之一和淮海经济区的中心城市。徐州市城区是个山清水秀、风景优美的山水古城，由自然山水构成的城市空间格局呈现"一脉入城、两河相拥、群山环抱、山湖相依"的特点，自然景观十分丰富。

2.1 自然资源

自然资源是构成城市绿地景观风貌的基础，对于形成个性鲜明的城市绿地景观风貌格局和品质优美的城市空间形态具有积极意义。

2.1.1 地理位置

徐州市位于江苏省西北部，地跨东经116°22′～118°40′，北纬33° 43′～34° 58′，东邻连云港市东海县、宿迁市沭阳县，南接宿迁市宿豫区、安徽省泗县、灵璧县、萧县、砀山县，西依山东省单县，北靠山东省鱼台、微山、兰陵、郯城等县（市）和枣庄市（图2.1-1），边界线总长1372.5km，其中与省内交界线长274.5km，与外省交界线长1098km，占全省对外陆地界线的32%。徐州市域的东西最长210km，南北最宽140km，总面积11258km²，占江苏省总面积的11.09%。其中，徐州市城区面积3037.3km²。徐州位于淮河流域中下游，东襟黄海，西接中原，南屏江淮，北扼齐鲁，在全国区域经济发展中具有连接东西、沟通南北、双向开放、梯度推进的战略优势。京沪、陇海两大铁路干线在此交汇，京杭大运河傍城而过，多条国道、省道、高速公路在此汇合，昔日的兵家必争之地，现为全国重要的交通枢纽和通联东西、南北经济发展的战略要地。

图2.1-1 徐州在淮海经济区的位置示意图

2.1.2 地形地貌

徐州市位于华北平原的东南部，域内除中部和东部存在少数丘冈外，大部皆为平原，根据成因和区域特征，徐州市属鲁中南剥蚀低山丘陵的南延部分，自西向东大致分为黄泛冲积平原、低山剥蚀平原、沂、沭河洪冲积平原三个地貌区。

徐州市地形由山丘冈地和平原两部分组成，丘陵海拔一般在100～300m，多为顶平坡缓的侵蚀残丘，丘陵山地面积占全市总面积的9.4%。丘陵山地分为两大群，一群分布于市域中部，山体高低不一，其中贾汪区中部的大洞山为全市最高峰，海拔361m，另一群分布于市域东部，最高点为新沂市北部的马陵山，海拔122.9m。平原总地势由西北向东南降低，平均坡度1/7000～1/8000，平原约占土地总面积的90%，海拔一般在30～50m之间。

徐州市全境地势由西北至东南缓缓倾斜，地面高程从丰县的45m，逐渐下落为徐州城区的30m左右，到新沂市为19m。徐州市区四周皆低山残丘，有云龙山、泉山、珠山、拖龙山、子房山、大山、九里山、琵琶山等山体如青龙卧坡，区内为小型盆地，城区地势大体是西南高于东北，西北略高于东南，与国内其他城市相比，徐州河道穿城，湖泊星罗棋布，山丘比比皆是，比有水的城市多山，比有山的城市多水，山水相依，地势起伏，自然形态丰富多姿。

早在宋代，苏轼在《放鹤亭记》中就描述"彭城之山，冈岭四合，隐然如大环"，这些描述很贴切地反映了当时徐州之山与城的格局。目前徐州主城区内仍有70余座海拔100～250m的山丘环抱全城，自然围合出城市空间，构成一个祥和安定且景色宜人的生态环境。徐州城市的水体也富有特色，古时有汴、泗水两水交汇，后又有黄河故道与京杭运河穿流而过，古有诗曰"青嶂四周迎面起，黄河千折挟城流"（清·邵大业《徐州》），"地势萦回环翠岭，关城峭拔枕黄流"（明·薛瑄《彭城怀古》）。而近半个世纪以来新建的云龙湖与整治后的黄河故道，更如同明珠玉带，点线结合，为古城增添色彩。如今的徐州，云龙山—泉山、珠山—大横山、拖龙山、子房山—大山、九里山—琵琶山等山系如青龙伏地，京杭大运河、故黄河、丁万河、荆马河、徐运新河、玉带河、楚河、奎河等大河似水袖长舞，云龙湖、大龙湖、九龙湖、九里湖、金龙湖、潘安湖等湖泊若明珠落地。丰富的山水资源，构建了极富特色的山水城市骨架和优美宜人的城市形态（图2.1-2～图2.1-7。）

图2.1-2 泉山

图2.1-3　九里山

图2.1-4　京杭大运河

图2.1-5　故黄河徐州段

图2.1-6　云龙湖

图2.1-7　潘安湖

2.1.3　土壤

　　根据成土条件、过程、土体结构和性质的差异，徐州市土壤主要分为棕壤、褐土、紫色土、潮土、砂浆黑土、水稻土六大类，其中棕壤、褐土为暖温带湿润、半湿润气候和落叶林植被环境下的地带性土壤，潮土类为冲积平原的主要土类，此外在一些湖荡洼地中还有少量的沼泽土类。市区土壤主要包括粗骨褐土与淋溶褐土两个亚类，自然生长有杂草、旱生阔叶林植被，土壤层次发育明显，其剖面形态一般由表土层、淀积层、母质层组成。据分析，表土层质地为轻壤至中壤，土壤容重为1.18～1.39g/cm³，总孔隙度为40.7%～51.9%，非毛管孔隙度4.8%～12.7%；石灰反应强，碳酸钙含量为85～110g/kg，土壤pH值7.5～8.5，表土层至淀积层阳离子交换量为10.7～23.6cmol/kg，表土层有机质平均为10.3～28.2g/kg，全氮0.70～1.63g/kg，全磷0.62～1.35g/kg，全钾20.1～30.3g/kg，碱解氮55.0～105.0mg/kg，速效磷3.0～8.5mg/kg，速效钾120.5～195.0mg/kg。

2.1.4　气候

徐州市地处暖温带，属华北大陆性季风气候，由于东西狭长，受海洋影响程度有差异，东部属暖温带湿润季风气候，西部为暖温带半湿润气候。受东南季风影响较大，季风更迭的迟早和强弱，直接影响年降水的多寡和温度的高低。年平均温度14.6℃，1月平均气温-0.7℃左右，7月平均气温27℃左右，历史最高温度40.6℃，极端最低温度-22.6℃。霜期从11月至翌年4月，全年无霜期200～220天，日照充足，光能资源丰富，全年日照时数2216.6小时。年平均降水量为823mm，年内分配不均匀，6～8月降水量占全年的60%，雨热同期。年内冬、春、秋三季经常发生干旱，夏季雨涝不定。最多风向为偏东风，3月、9月以东北、东风为主，也是风向季节性最明显的时间。温度日差较大，季风显著，四季分明，具有典型的南北气候过渡带特性。气候资源较为优越，有利于农作物的生长。主要气象灾害有洪、涝、渍、干旱、寒潮、冻害、大雪、大雾、冰雹、大风、雷电等。

2.1.5　水文

徐州市位于古淮河的支流沂、沭、泗诸水的下游，以黄河故道为分水岭，形成北部的沂、沭、泗流域，中部黄河故道地区和南部的濉河、安河流域。境内有主要河道58条，湖泊3个，大型水库2座，中型水库5座，小型水库84座及分布于20个镇的采煤塌陷地，水域总面积98807.65hm²，分属于中部的故黄河水系、北部的沂沭泗水系及南部的濉安河水系3个水系。

故黄河水系为历史上黄河侵泗夺淮，形成的河底高出两侧地面4m的悬河，是徐州境内的天然分水界限。目前河底宽度30～100m，长196km，流域面积885km²，流域内有崔贺庄水库（吕梁水库）、水口水库等一批大、中、小型水库，沿线分布有郑集河、丁万河、白马河等。

沂沭泗水系位于故黄河以北，流域面积8479km²，流域内主要骨干河流有沂河、沭河、中运河及邳苍分洪道，并有南四湖、骆马湖两座湖泊调蓄洪水。

濉安河水系位于故黄河以南，流域面积2020km²，分为濉河和安河水系，均汇入洪泽湖。主要支流有龙河、潼河、徐沙河、闫河、奎河、琅河、阎河等。

市区有云龙湖、大龙湖、吕梁湖、金龙湖、潘安湖、九里湖等湖泊星罗棋布；故黄河、丁万河、房亭河、闸河、玉带河、三八河、徐运新河、荆马河、奎河等9条河流穿城而过，每天水体流动能力达50万m³。

2.1.6　动植物

徐州市四季分明，光照充足，雨量适中，雨热同期的气候，为植物的生长提供了有利条件。据史料记载，历史上曾有大面积的自然森林植被。这一带全新世早期的孢粉分析结果表明，森林植被的组成成分主要以栎属为主，并混生有榆属、朴属、椴属、槭属、柿属、柳属等多种落叶树种。直到周代，这里仍保存着大面积的自然森林植被。中国古代重要著作《禹贡》记载徐州的植被曰："草木渐包"，描述当时徐州一带是一片草木葱茏，覆盖大地的繁茂景象。进入封建社会以后，徐州地区战火频繁，加上黄河侵泗夺淮等重大自然灾害破坏，地带性森林植被几乎不复存在。新中国成立以来，徐州开展大规模的绿化工作并获得巨大成就，特别是进入21世纪以来，徐州市继2005年荣获"国家园林城市"后，又于2010年提出创建"国家生态园林城市"的目标，大力进行城市绿化建设，基本构建起符合生态学原理和系统学要求的城市生态园林绿化体系，各项指标达到国家生态园林城市要求，并于2015年荣膺首批"国家生态园林城市"。截至2018年底，徐州城市建成区绿化覆盖率43.6%，绿地率40.45%，人均公园绿地14.3m^2，公园绿地服务半径覆盖率90.8%，林荫路推广率92.32%，综合物种指数0.6178。城市绿地率和绿化覆盖率的大幅提高，使植物种类明显增加，区系成分复杂。

徐州市现有维管束植物1196种及变种，隶属159科624属。其中，蕨类植物共18科25属33种，种子植物141科599属1163种，分为裸子植物和被子植物两个亚类。种子植物中，裸子植物种类少，共8科18属33种；被子植物种类较多，共133科581属1130种。

徐州市现有我国特有和珍稀保护植物27种。其中，特有植物14种，包括罗汉松、水杉、池杉、落羽杉、侧柏、青檀、地构叶、乌菱、野菱、刺榆、枳、盾果草、喜树和银杏；珍稀保护植物有18种，包括水杉、青檀、乌菱、野菱、野大豆、莲、鹅掌楸、翠柏、银杏、金钱松、杜仲、核桃、玫瑰、黄檗、榉树、莼菜、伞花木和珊瑚菜。

徐州市现有的我国特有和珍稀保护植物中，人工引种栽培的种类较多，如罗汉松、水杉、池杉、落羽杉、银杏、翠柏、金钱松、杜仲等，到目前为止还没有徐州地区特有植物种类的记录。

徐州现有古树1828株，隶属21科27属29种。其中，属三级保护的数量最多，共1768株，隶属20科26属27种；属国家一级保护的树木最少，共27株，分属7科9属9种；属二级保护的树木共9科9属9种33株。同时，现有古树中，个体数较多的树种有银杏（1443株）、侧柏（161株）、石榴（48株）、槐树（47株）、柿树（20株）、枣树（12株）、木瓜（8株）、皂荚（8株）、朴树（8株）和圆柏（6株），有6种主要树种属经济果木（包括银杏、石榴、板栗、柿树、枣树和木瓜），总株树达1572株，占全市古树总株数的86.0%。

徐州现有园林绿化植物97科213属359种，城市绿化常用树种有悬铃木、香樟、银杏、广玉兰、乌桕、女贞、栾树、槐树、水杉、雪松、圆柏、重阳木、合欢、楝树、杨树、紫薇、石楠、海桐、火棘、紫叶李、龙柏、红枫、木槿等；常用草本植物有结缕草、麦冬、黑麦草、酢浆草、车轴草、鸢尾、萱草、美人蕉、葱兰、芦苇、香蒲等；常用藤本植物有紫藤、金银花、常春藤、木香、凌霄、蔷薇等。

徐州市种子植物以温带分布类型为主体，共182属，占国产温带分布属的15.37%。温带分布类型不仅所含的种数最多，而且这些种类还是本地自然植被的重要组成成分。如松属、榆属、栎属、槭属、栗属、杨属、柳属、椴属等北温带分布属中的许多种类都是本地落叶阔叶林的重要建群种或伴生种，它们对构成徐州森林植物外貌起着决定性作用。此外，东亚成分及东亚—北美成分也比较显著，共有30属，木本属有4属，侧柏属、栾树属、枫杨属是本区落叶阔叶林或沟谷杂木林的主要建群种。本地含有较多的与日本、北美共有的种属，但多为草本植物，说明本地植物区系与北美、日本区系曾有过较为密切的联系。热带成分也有分布，占全国所有属的7.02%。如朴属、黄檀属、合欢属、柿属、木防己属、算盘子属、扁担杆属等属的许多种类都是本地自然植被中较为显著的泛热带成分。牡荆、酸枣、白茅、黄背草等泛热带成分还是本地灌草丛的重要建群种类。这些热带起源植物的存在，反映了本地植物区系与我国南方区系的密切关系，同时也反映了本地现代植物区系与第三纪古热带区系有着一定的历史渊源。相邻地区植物区系成分的相互渗透和过渡是一种普遍的现象，然而这一过渡现象在徐州地区表现得更为明显，这是因为本地处于广阔的江淮平原和华北平原之间，与周围地区缺乏重大的地理屏障所致。

根据1983—1986年和1988—2000年的两次野生动物资源普查及相关文献记载，徐州现有脊椎动物300余种，无脊柱动物210余种。脊柱动物共有5个纲，即哺乳纲、鸟纲、爬行纲、两栖纲和鱼纲，其中，鸟纲种类最多，共18目44科192种，其次是鱼纲和哺乳纲，分别有8目14科44种和5目11科15种；爬行纲2目11科45种，两栖纲2目5科10种，无脊椎动物主要分为节肢动物门、软体动物门和环节动物门3个门。其中，节肢动物门的已知动物最丰富，主要包括甲壳纲、蛛形纲、多足纲和昆虫纲4个纲，且以昆虫纲种类最多，共11目63科147种。甲壳纲次之，共6目12科40余种；多足纲种类最少，共3目3科6种。

在已知的徐州市动物资源中，属国家重点保护的野生动物有9种，均为鸟类。其中，国家一级保护动物有东方白鹳、丹顶鹤、中华秋沙鸭、黑颈鹤、大鸨，国家二级保护动物主要有大天鹅、灰鹤、小鸦鹃、鸳鸯、红隼、苍鹰等；江苏省重点保护动物主要有刺猬、鸿雁、灰喜鹊、杜鹃、啄木鸟、黑斑侧褶蛙、金线侧褶蛙、中华大蟾蜍等。

2.1.7　特色景观资源

1. 采煤塌陷地景观

徐州采矿历史悠久，储量丰富，品质优良，在全国久享盛誉。徐州东北的利国驿自古就是交通枢纽和冶铁基地，秦始皇在此设传舍（驿站），汉武帝设铁官，宋朝设利国监。北宋神宗年间苏东坡知徐时，发现新的煤矿，开创以碳冶铁技术。洋务运动兴起之后，徐州先后成立利国驿矿务局（1882—1898）和贾汪煤矿公司（1898—1912），自此开始了现代化的煤炭生产过程。在徐州有几十座上百万吨的大型煤矿，随着产业的更替，全市有12对矿井已停产关闭。长期的煤炭开采给徐州留下大面积的采煤塌陷地，据徐州市政府《徐州市"十二五"采煤塌陷地农业综合开发规划》，到2010年底，全市有采煤塌陷地面积3.05万hm²，其中，已治理面积1.09万hm²，未治理面积1.96万hm²。在采煤塌陷区的治理过程中，徐州借鉴德国鲁尔矿区生态修复经验，采取"基本农田整理，采煤塌陷地复垦，生态环境修复，湿地景观开发"四位一体的建设模式，对九里湖、潘安湖等采煤塌陷地实施生态修复，昔日沟壑遍布、杂草丛生、危房耸立的采煤塌陷地，华丽蝶变为鸟语花香、湖阔景美的湿地公园，成为徐州颇具特色的亮丽的风景线。

2. 废弃采石场景观

徐州境内山体多为优良的石灰岩矿产，是江苏省水泥等建材的重要生产基地。长期的开山采石，使全市70%的山体受到较严重的破坏，留下了大量大小不等的露采矿山宕口。据徐州市国土资源局2010年完成的《徐州市山体资源特殊保护区划定方案》统计，全市共有关闭和在采露采开山采石矿山905个，共占用土地面积1640hm²，宕口破坏土地面积956hm²。已关闭的露采开山采石矿山760个，占用土地面积1310hm²，宕口破坏土地面积814hm²。近年来，徐州市按照"生态修复、覆绿留景、凝练文化、拉动经济"的理念，对东珠山、九里山等42处露采矿山宕口废弃地实施生态修复，生态恢复率达90%以上。其中，对金龙湖采石宕口采取清理地质灾害的方法，改善地质环境，确保地质安全，同时因地制宜、随山就势，营造山地公园，将原来破碎的山体打造为被国土资源部誉为"采石宕口治理的典范"的生态公园，成为徐州城市园林绿化的特色景观。

2.2 历史文化资源

徐州这个名字是承袭古九州的，文明史可以追溯到6300多年前。位于邳州境内的大墩子文化遗址，是新石器时期的古文化遗址，完整地保存了6000年前的古文化密码。史学研究证实，早在夏之时，以今徐州市为中心，包括今苏北、皖北、鲁南、豫东在内的广大区域，已经存在一个古老方国——徐国。郭沫若在《历史人物》中指出：徐人的文明并不比周人初起的文明落后。徐是与夏、商、周并存的古国，具有相当的经济基础，文化十分先进。至"禹分天下为九州"时，古徐州之地中，西部是大彭氏国，至"大彭、豕韦为商所灭矣（《国语·郑语》）"，历八百余年。到西周时东部又产生了另一个古方国——吕国。战国时，彭城属宋，后归楚，楚汉时，西楚霸王项羽建都彭城，可见，徐州的地域文化，是由两个来源清晰的文化主体相互碰撞和融合而来，这两个文化主体，一个是当地"徐人"自我创造的文化，另一个是由彭祖篯铿、吕人东迁和楚人北侵带来的中原（黄河）文化和楚文化。及至西汉，刘邦大汉王朝一统天下，政治上"汉承秦制"，文化上"使楚风风行于南北"，西汉的创立和强盛标志着中华大地文化统一这一进程的基本完成。作为汉室故土，西楚故都，徐州的地域文化形态基本成熟。

2.2.1 楚汉雄风之"汉代三绝"

"九朝帝王徐州籍"，徐州是两汉文化的发祥地，"彭祖故国，刘邦故里，项羽故都"，拥有大量文化遗产、名胜古迹和深厚的历史底蕴。建城史超过2600年，根据《春秋》记载，古彭城建城于公元前573年，比苏州阖闾城早59年，可以说是江苏省境内最古老的城市。

　　徐州虽然历经沧桑巨变的雄奇历程，仍然遗留了大量璀璨夺目的优秀文化遗存，全市已调查发现各类文物古迹400余处。汉墓、汉兵马俑、汉画像石"汉代三绝"集中展现了汉代工匠的高超智慧和精湛技艺，极具艺术欣赏和考古价值，戏马台、子房祠演绎出气势恢弘、动人心魄的历史画卷，世代流传。彭祖宅、彭祖墓、彭祖井和重修的彭祖园、彭祖祠等构成了独具特色的彭祖文化景观，地下城遗址、护河石堤遗址、汉代采石场遗址以及一批明清时期颇具特色的古民居、古街巷如翟家大院、余家大院、崔焘故居等古院落记录了徐州的发展历史和建筑文化，户部山、回龙窝等一批历史文化街区和历史地段，使古代文明与现代文明交相辉映，既体现了城市文化底蕴，又洋溢着现代文明色彩。

　　徐州发现和发掘的两汉文化古迹众多，其中以汉墓、汉兵马俑、汉画像石组成的"汉代三绝"最具代表性。徐州汉墓在"汉代三绝"中位列第一，研究徐州汉墓对研究汉代的帝王陵寝制度具有极其重要的意义。徐州地区发现很多汉代崖洞墓，是当时楚王（彭城王）及其王后、大臣的墓葬。徐州地区的诸侯王陵规模宏大，俨然一座座地下宫殿，不仅在同时代的王陵中比较突出，而且也反映了地方王国强盛的实力和经济发达的程度。徐州汉兵马俑在继承秦俑风格的基础上又加以发展，由写实变为写意，它不注重人物线条的比例是否准确，而侧重于人物的内心世界和精神风貌的刻画，体现了拙朴含蓄的艺术手法。徐州汉画像石题材广泛，内容丰富，既有神话传说，也有历史典故，还有社会生活的方方面面，是研究汉代社会的一部"绣像的史书"，它以浑古的笔锋和简洁的刀法，传达了生命力自由流动的汉代文化特色（图2.2-1～图2.2-4）。

图2.2-1　龟山汉墓

图2.2-2　狮子山楚王陵

图2.2-3　汉画像石

图2.2-4　狮子山汉兵马俑

2.2.2 崇文尚武之战争文化

在中华文明形成和发展的历史长河中，徐州这方土地"东襟淮海，西接中原，南屏江淮，北扼齐鲁"，历来为交通要道和兵家必争之地。有史家论证，徐州地区的战争历史，可以追溯到五六千年前的新石器时代。进入封建社会以后，其位据南北（西）漕运枢纽和历史上三大古都群中心的地利，使其军事、政治地位更加重要。据记载，发生在徐州的较大规模的战事有400多次，产生重大影响的也有200多次。朱德元帅说："徐州从历史上就是决战的古战场。"漫长的战争历史，频仍不断的战事，给徐州留下了非常珍贵的战争文化遗产，既有古战场遗址、历代战争遗物，还有传颂千古的无数英雄豪杰的历史故事和流芳百世的成语典故。徐州市影响较大的战争文化遗迹主要有：九里山古战场、戏马台、淮海战役遗址等。此外，数次的大小战争还给徐州留下浓郁的战争文化，文学作品中的"十面埋伏""楚汉相争""楚河汉界""四面楚歌"等成语典故，无一不反映出战争文化对徐州的浸润。

2.2.3 聚精养生之彭祖文化

徐州，古称彭城，是彭祖故国、彭祖文化的发祥地。彭祖篯铿，是中国历史上第一位卓越的养生学家和令人仰慕的中华大寿星。彭祖不但长寿，而且还留下了博大精深的文化遗产，传说彭祖乃遗腹而生，三岁丧母，遇犬戎之乱，流离西域，穷极问道，治生养身多年，后因思念家乡和同胞，回归东土。其时正值尧时，洪水滔天，尧视察水情至彭城，积劳成疾，病危之际彭祖献味道鲜美的雉羹（野鸡汤），尧帝得救，封彭祖于大彭（今徐州铜山县）。传说活了八百余岁，后人称之为"彭祖"。

彭祖是一位历史传奇人物。他经过长期实践，悟得养生真谛，创立了烹饪饮食养生术、气功导引养生术，成为我国公认的厨师祖师爷、养生文化的始祖和集大成者。《论语·述而》篇中记载孔子："述而不作，信而好古，窃比于我老彭。"屈原的《天问》、庄周的《庄子》、荀子的《荀子》、刘向的《列仙传·彭祖传》、司马迁的《史记》也都对彭祖有记载。彭祖文化是中华民族优秀文化的一朵璀璨奇葩，具有4600多年的历史，发祥于徐州，泽被中华，远播海外。

2.2.4 勤政为民之苏轼文化

苏轼知徐州于熙宁十年（1077）四月二十一日到任，元丰二年（1079）三月十日离任，任职24个月，是其政治生涯的高峰期，林语堂称苏轼在徐为显干练之才的时期。苏轼知徐州期间，带领民众建"黄楼"，修"苏堤"（今苏堤路），抗洪水，祈雨劝农，抗春旱，查石炭，利国铁，医病因，治军政，兴旅游，弘文化，勤政爱民，事必躬亲，无不让徐州人民敬仰与爱戴。北宋熙宁十年（1077）八月，苏轼调任徐州知州当年，徐州就遇到黄河决口，大水围城，水深二丈八尺。苏轼带领徐州民众抢筑大堤，历时45个昼夜终于战胜洪水。为表纪念，苏轼主持修建新楼，取古人"土克水"的观念，以黄土覆满新楼，取名"黄楼"。苏轼在徐州两年，创作365篇诗词文赋，其中不少是脍炙人口的名篇佳作，同时还留下众多的遗存遗迹，最有名的是"一楼（黄楼）、一河（故黄河）、一山（云龙山）、一湖（云龙湖）"，共计有50多处，是全国苏轼文化分布最多的地区之一。

2.2.5　五省通衢之运河文化

京杭大运河从开凿到现在已有2500多年的历史，是世界上里程最长，工程最大的古代运河，也是中国古代劳动人民建设的一项伟大工程。徐州是运河关键性节点，南北航运的重要枢纽。徐州境内运河全长210km，流域面积2万km²，大运河在漫长的历史发展中，孕育了灿烂的运河文化，徐州有许多因运河而诞生、兴盛的村庄、乡镇，如徐州的百步洪，邳州的运河镇，铜山的房村，新沂的窑湾镇，徐州城郊的奎山村等，都曾经昌盛一时。大运河流经徐州，给徐州带来了诸多历史性的发展机遇，也使得南北文化交流，东西风俗融合，创造了如利国的叮叮腔、邳州的运河拉纤号子、铜山的河神信仰等民俗信仰，也留下了徐州粮仓与水利工程遗存等。2006年5月，大运河徐州段被确定为全国重点文物保护单位。

历史上的徐州，地当汴泗之交，自然成了漕运枢纽和土产物资集散中心。元世祖至元二十年（1283），京杭大运河开通以后，徐州地处东西南北水运要冲，就成了河北、山东、河南、安徽、江苏五省的咽喉，所以被称为"五省通衢"。今天的徐州，地处苏鲁豫皖四省接壤地区，交通便捷发达，是全国重要的综合交通枢纽。陇海、京沪两大铁路干线在此交汇，拥有全国第二大铁路编组站，京沪与徐兰客运专线交汇点的高铁站不但可以满足游客2小时内进京赴沪，而且轻轻松松可以直达全国181个城市；5条国道、20条省道、7条高速公路穿境而过，高速公路通车里程在全国地级市中位居第一，京杭大运河绕城逶迤穿行，观音机场为国家民航干线机场，鲁宁输油管道纵贯境内，形成了铁路、公路、水运、航空、管道"五通汇流"的立体交通体系。

2.2.6　三教汇源之宗教文化

古徐州物华天宝、人杰地灵。徐偃王倡行仁义文化，催生了鲁人孔子儒学的创立；"孔子行年五十有一而不闻道，乃南之沛见老聃"（《庄子·天运》），徐地的东夷文化作为"老庄思想"的重要基因，是道家学说原创结构中的重要成分。道家学派创始人老子不但著书创书、治学授徒于徐沛之地，而且其籍贯的今安徽谯城、涡阳之说，均属于西汉沛郡所辖的地域；道家学派另一代表人物庄子籍贯的今安徽蒙城说，也在此范围内；沛郡丰（秦泗水郡，今江苏丰县）人张道陵对道家思想的神学化改造，首创道教教团组织——天师道。东汉楚王刘英不但"晚节喜黄老"，还在徐地建立了中国境内第一座佛寺——浮屠仁祠。儒、道、佛在其诞生之时就在古徐地发展交融，千百年来，宗教园林始终是徐州园林的重要组成部分。从东汉浮屠祠（崇善寺）、永宁寺，东晋竹林寺（晋穆帝"敕改"的中国佛教史上第一位比丘尼净检法师驻锡之寺）、龙华寺（中国第一座印度建筑风格的佛寺建筑）、白塔寺、台头寺，南朝宋时伽蓝既济庵（后名普照庵），北朝北魏兴化寺、茱萸寺，唐代平山寺、白云寺，宋代玉皇宫，元东岳庙（清更名碧霞宫），明卧佛寺、大士岩寺，各代均有重建或新建寺庙，选址多依山傍岭，凭借林云之胜。及至当代，一众寺观，或修扩，或重（新）建，沉淀的历史，焕发出新的生命力（图2.2-5、图2.2-6）。

图2.2-5　兴化寺　　　　　　　　　　　　　图2.2-6　宝莲寺

2.2.7　古城新篇之历史建筑

　　历史建筑的形式、符号都是当时技术、材料和社会生产力条件下的产物。只有在传统形式、符号与现代建筑技术有机结合的时候，才能感到它的存在是自然的，有生命力的，但并不是所有的建筑形式或符号都是这种发展的前景，有的悄然退出历史舞台，有的幸存至今或成为文物，或继续为人们传承使用。对于地方建筑的传统文脉的传承，是历史文脉在现代城市景观营建中得以持续发展的有效途径。

　　徐州市区范围内的文物保护单位包括古遗址、古墓葬、古建筑、石刻、近现代重要史迹及代表性建筑等，古遗址如古城墙遗址、古彭广场地下城遗址、广运仓遗址、奎山塔遗址等，古墓葬如龟山汉墓、狮子山汉墓等，古建筑包括放鹤亭与招鹤亭、快哉亭、燕子楼、钟鼓楼、戏马台、文庙大成殿、乾隆行宫等。

　　徐州的历史文化街区主要有户部山历史文化街区和状元府历史文化街区，这两个街区所处的户部山地区自古便处于承接城市与自然的重要地理位置。户部山历史文化街区多为官宦人家为躲水患迁居至此建设，街区依山而建，院落错落有致，体现了因山造城的独特魅力。该街区是徐州城区范围内仅存的明清至民国时期的传统建筑院落（图2.2-7），同时包含了大量丰富的历史文化信息，今天徐州人的心中仍然留存着大量有关户部山地区的传说和典故，该地区在其心中具有强烈的情感归属感，是徐州极其珍贵的历史文化遗产。状元府历史文化街区有徐州历史上唯一的状元李蟠的状元府，建筑风格承南袭北，体现"五省通衢"的徐州对不同文化的兼容并蓄。

　　徐州的历史地段有12片，分别是回龙窝历史地段（图2.2-8）、牌楼街历史地段、云龙山历史地段、老东门历史地段、快哉亭开明步行街历史地段、西楚故宫—文庙历史地段、大同街历史地段、徐海道署历史地段、李可染故居历史地段、天主教堂历史地段、花园饭店历史地段、黄楼公园历史地段，这些地段犹如一个个历史片断，记录着在这块古老的大地上发生的一个个故事。

图2.2-7　户部山古民居

图2.2-8　回龙窝历史地段

2.2.8　亘古仁情之仁义文化

在先秦，"仁"往往被理解为与爱相关的情感。徐州自古多仁情，《韩非子五蠹》载："徐假王处汉东，地方五百里，行仁义，割地而朝者三十有六国。"徐王"有道之君也，好行仁义"（《淮南子·人间训》）的仁政实践较孔子仁政理想早了500年以上。南宋文天祥被俘北上，途经徐州凭吊燕子楼时曾写下"因何张家姿，名与山川存？自古皆有死，忠义常不没！"的著名诗句。现立于云龙公园的临水半岛——知春岛之上的燕子楼，千百年来曾引无数文人墨客万千感叹。同样位于云龙公园内的王陵母墓，是一座汉初古墓，昭示了一个母亲舍生取义的壮举。云龙山西坡新建的季子挂剑台，还原了一段春秋时代古人之间诚实守信的佳话。时代发展到今天，凡人好事虽不惊天动地，却有水滴石穿的巨大能量。云龙湖畔珠山景区的"好人园"，集中展示了徐州人民重情重义、崇德向善的优良品格和风尚。

 ## 城市绿地发展空间

2.3.1　城市定位

徐州是江苏省建城最早的城市，历史遗存丰厚，1986年被国务院列为第二批"国家历史文化名城"。徐州原有"军事重镇"之称，"五省通衢"之誉，现在是铁路、公路、水路、航空、管道"五通汇流"的现代化交通枢纽。1994年，由中国城市规划设计院编制完成的《徐州市城市总体规划（1995—2010）》把徐州的城市性质确定为："国家历史文化名城，全国交通主枢纽，陇海—兰新经济带东部和淮海经济区的中心城市、商贸都会"。在2007年11月经国务院批准的《徐州市城市总体规划（2007—2020）》中，将徐州的城市性质定位为"徐州是全国重要的综合性交通枢纽、区域中心城市、国家历史文化名城及生态旅游城市"；随着城市建设的不断深入、行政区划的调整及京沪高铁、徐宿淮盐城际高铁建设等原因，徐州的空间布局需做相应的调整，2012年徐州市启动了《徐州市城市总体规划（2007—2020）（2017年修订）》的编制并于2017年6月获国务院批复，在这次规划中，将徐州城市定位为"国家历史文化名城，全国重要的综合性交通枢纽，淮海经济区中心城市"。2010年6月24日，国家发展改革委员会发布国家首个跨省级行政区区域发展规划——《长江三角洲地区区域规划》，该规划将徐州定位为"以工程制造为主的装备制造业基地、能源工业基地、现代化农业基地和商贸物流中心、旅游中心、淮海经济区中心城市"。

徐州是快速发展的成长型城市。徐州正处于工业化和城镇化的加速期，未来发展空间广阔，潜力巨大，支撑高质量发展的主要指标增幅居江苏省前列。作为老工业基地和资源型城市，徐州紧紧围绕老工业基地全面振兴和淮海经济区中心城市建设，全力推进产业、城市、生态、社会四大转型，成功举办"世界城市日"中国主场活动，荣膺"联合国人居奖"，成为国务院表彰的"老工业基地调整改造真抓实干成效明显城市"，获"国家节能减排示范市"考核优秀等次，徐州资源枯竭城市转型发展经验全国推广，跻身"国家生态园林城市""国家森林城市""国家创新型城市""国家知识产权示范市"和"全国文明城市"，整体面貌实现了脱胎换骨的变化，城市形象和影响力进一步提升，初步走出一条有徐州特色的振兴转型之路；淮海经济区协同发展机制初步建立，中心城市地位进一步巩固。

2.3.2　城市发展规划

2003年徐州市启动了《徐州市城市总体规划（2007—2020）》的编制工作，为与新的城市总体规划相适应，同时为满足徐州市创建国家园林城市的要求，2005年启动并完成了《徐州市城市绿地系统规划（2005—2020）》编制。2012年，由于行政区划调整等原因，徐州市启动了《徐州市城市总体规划（2007—2020）》的修订工作，2017年6月《徐州市城市总体规划（2007—2020）（2017年修订）》获国务院批复。为与新修订的城市总体规划相适应，同时为满足徐州市创建国家生态园林城市的要求，《徐州市城市绿地系统规划（2015—2020）》于2015年开始修订并于同年顺利完成。

《徐州市城市绿地系统规划（2005—2020）》针对徐州城市组团式的空间布局特点，充分利用城市内部与周边的自然资源，结合城市规划布局，采用"环、廊（轴）、园"的结构模式，构建"一圈、四带、六环、十九廊、十四核"的环网式城市绿地系统结构，形成"绿圈（环）护城、绿带穿城、绿廊网城、绿核嵌城、绿片衬城"的绿地布局，从而构筑山、水、文、城为一体，生态功能稳定，环境优美舒适的山水园林城市。

《徐州市城市绿地系统规划（2015—2020）》以"生态徐州，山水之城"为目标，继承总体规划的城市布局与空间结构，突出山水名城风貌，结合徐州市"城包山、山包城"、绿水穿城、人文荟萃的城市特色，开辟各类城市绿地，使公园绿地分布均衡，各类绿地功能齐全，形成完整的城市绿地系统，营造和谐宜居的山水生态园林城市。规划区绿地系统结构模式为"两带、四楔、三环、十三廊"，绿地布局以突出"绿带、绿楔、绿环、绿廊"结合、绿地与景观资源保护结合、绿地与用地功能、交通组织结合为原则，形成"绿带穿城、绿楔入城、绿环圈城、绿廊网城"的布局特征，从而构建"山水相拥、人文荟萃"的自然山水城市与历史文化名城相融合的绿地风貌特色。

第 3 章 ‖ 徐州市城市绿地景观风貌特色

城市绿地景观是有生命的、立体的艺术品，是城市自然、历史、情感、艺术相互交融的结晶，它不仅给城市带来勃勃生机，滋养市民身心，也是展现城市魅力和形象的主要内容之一。徐州城市绿地景观建设，立足于丰富的绿地景观资源，从自然山水中塑造绿地景观的形，从历史文脉中挖掘绿地景观的根，从人文精神中凝聚绿地景观的魂，孕育出"自然山水恢弘大气，园林景观舒扬雄秀，彰楚风汉韵，厚重清越"的风貌特色。

"青山翠拥，碧水穿流，湖城相映，恢弘大气" 的城市绿地景观格局

徐州山水相济，形态丰富，山水格局极富特色。在2003年12月徐州举办的"徐州市城市规划建设专家论坛"上，全国知名专家曾指出，有山有水是徐州的特色，徐州要发挥这个特点，做好"大水、大绿"。云龙湖、故黄河是做好"大水"的有利条件，"大绿"就是要利用散落在城市中间的山体林木，尽显山水风貌。在徐州市绿地景观格局营建中，充分依托市区及周围的山川形胜，着力构建"青山翠拥，碧水穿流，湖城相映，恢弘大气"的城市绿地景观格局（图3.1-1）。

图3.1-1 恢弘大气的城市绿地景观格局

3.1.1 青山翠拥，绿屏环城

徐州环城有70余座山体，这些山体是城市重要的生态基础设施，对于保障城市生态安全、保护物种和栖息地的多样性、保护文化遗产和提供游憩体验以及良好的视觉景观具有重要作用，是城市绿地景观风貌形成的基础。在城市绿地景观营建中，将其作为城市绿地系统的骨架，营造"青山翠拥"的山体景观风貌，为城市提供绿色生态性保护屏障。

1. 徐州市山体景观风貌的营建

徐州市的山体以石灰岩为主，在城市山体景观风貌营建中，主要面临的问题有以下几个：① 土壤瘠薄，保水性差，植物生长的先天条件不足，加上历史上屡遭自然灾害和战争摧残，自然植被遭到严重破坏，解放初期，森林覆盖率不足1%。解放后，广大干部群众响应毛泽东主席在徐州考察时提出的"绿化荒山，发动群众上山造林"号召，进行大规模荒山造林，森林覆盖率大幅增加。随着宜林荒山逐步绿化，剩余荒山立地条件越来越差，造林难度越来越大。1995年原林业部全国荒山"灭荒"验收时，确定江苏省"暂不宜林荒山"50万亩，其中徐州市约占40%；② 2005年前已绿化的荒山中，大多以侧柏纯林为主，林相单一，林分中枯立木、病、弱树比例高，林下灌木层、草本层基本不存在，植物生长速度慢，抗病虫害能力差，生态系统不稳定，美景度差；③ 开山采石、占山建设等问题突出，造成部分山体裸露，山体被遮挡，有山不显山，山川形胜特色格局受到冲击。据2005年编制实施《徐州市市区山林资源红线保护区划定规划》时统计，市区山林中违章建筑760余处，面积近300hm²，其中有相当数量的、历史上村民依山合法建筑的民居。

为恢复良好的山体风貌，数十年来，持续实施"荒山绿化"、"林相改造"、"退建还绿"、"山体公园建设"等工程，不仅恢复了被破坏的自然生态环境，为市区提供了绿色屏障，而且极大地提高了山体的美景度，丰富了山体功能。

（1）荒山绿化

历史上的徐州屡遭战乱，加上黄河夺泗侵淮等自然灾害，自然植被资源消失殆尽，几乎成"不毛之地"，到1948年底，全市仅云龙山第一节山有山林约20hm²。

为全面推进绿色生态徐州建设，从2007年起，徐州市委、市政府决定在全市完成"暂不宜林荒山"的绿化，组织大规模的荒山造林，到2014年5月，累计营造石质荒山生态风景林8486.7hm²。造林过程中注重造林树种的多样性，运用的造林树种（含灌木）达到33个，每个山头不少于5个，不仅恢复了山体植被，而且改变了石灰岩山地长期以来绿化树种单一、林分结构不合理的局面，生物多样性和森林生态系统稳定性得到增强，为林相结构稳定、功能良好的正向演替发展创造了条件（图3.1-2）。

图3.1-2　九里山"荒山绿化"前后景观对比

（2）林相改造

在做好荒山绿化的同时，对云龙山、泰山、彭祖园的福山、寿山等山体原有的侧柏纯林进行了有计划的逐步改造，通过开设林窗、伐弱留强等措施，改善侧柏山林内的光照、生长空间等条件，同时人工增植栾树、乌桕、黄连木、三角枫、五角枫等树种并采取相应的抚育措施，林分结构得以优化，植物多样性逐步增加，山地景观由单一的侧柏纯林转变为古朴肃穆的侧柏与季相丰富的落叶乔木相互映衬，景观多样性增强，美景度明显提高（图3.1-3）。

图3.1-3　泰山西坡林相改造前后景观对比

（3）退建还绿

为保护和扩大这一片片城市绿肺，提升生态和景观功能，重塑山体景观风貌，在实施严格的山林红线保护规划、严格控制新的侵占山林绿地行为的同时，先后组织实施了云龙山、珠山、西凤山、白云山、无名山等山体周围单位、村庄的整体拆迁、退建还山工程（表3.1-1），确保了山体轮廓线的完整性与连续性（图3.1-4～图3.1-6）。

表3.1-1　2003—2014年徐州市区退建还山工程

序号	项目	实施时间	搬迁规模（hm²）	主要建设成果
1	云龙山周边	2003—2014	25	十里杏花村、云龙山敞园
2	西珠山周边	2009—2012	45	珠山风景区
3	韩山东北坡	2010—2014	42	韩山山景公园
4	泉山北坡	2013—2014	3.1	泉山森林公园
5	北无名山	2013—2014	8	北无名山公园
6	子房山	2013—2014	30	子房山公园
7	白云山	2008	0.1	白云山公园
8	杨山	2012—2013	4.2	杨山体育休闲公园
9	白头山	2008—2009	1.2	白头山山景公园
10	南凤凰山	2012—2014	1.8	南凤凰山公园

　　云龙山西坡历史上曾是杏花十里、春满红云的好去处，但在2003年前，这里几乎全部被新旧不一的民居、大大小小的饭店和林林总总的单位所占据，严重影响了环境和景观。2003年在此实施了"退建还绿"工程，拆迁了两个行政村的民房和12家企事业单位的建筑近10万m²，在此基础上全面实施了绿地景观建设，栽植各种乔木3万余株，增加了大量落叶阔叶树种和色叶树种，重点栽植了以杏花为主的春花类植物，再现了苏东坡笔下"云龙山下试春衣，放鹤亭前送落晖。一色杏花三十里，新郎君去马如飞"的景观。

图3.1-4　云龙山及云龙湖周边退建还绿工程范围（黄色部分为退建部分）

图3.1-5　云龙山西坡"退建还绿"前后景观对比

图3.1-6　云龙湖西珠山"退建还绿"前后景观对比

（4）山体公园建设

为丰富山林景观，充分发挥山体的综合功能，从2000年起，在做好山体基础绿化工作的同时，按照公园绿地标准，对植被条件较好、距离居住区较近的山体，实施了山体公园建设，节约了大量城市园林绿化建设用地。五山公园、白云山山体公园、泰山西坡山体公园、拖龙山山体公园、子房山公园、无名山公园，一个个集文化、休闲、健身、配套服务为一体的综合性城市山体公园，景观四季各异，风格各具特色，成为百姓的幸福乐园。

如今的徐州城区，山体郁郁葱葱，景观多样，功能丰富，东、南、西、北四个方向，风格各异的四个山林片区通过绿道联系，共同组成以山体景观为主的风貌圈层。

2. 主要山体风貌区

（1）东北部山体公园片区

徐州市区东北部山体众多，主要山体包括广山、金陵山、杨山等，原为以侧柏林为主的林地、采石场废弃地、荒山和垃圾堆场，其中最大的采石宕口（金陵山）长达200m，高2～14m，采石毁坏了自然风貌和自然生态，并导致地质灾害频发。为消除地质灾害危险，改善区域生态环境，提升生物多样性，同时为周边居民营造良好的生活居住环境，2018年徐州市政府在此实施了东区居民大型休闲公园——五山公园的建设工程。

五山公园位于徐州市三环东路以东、城东大道以北、杨山路以南，包括杨山、金陵山及广山等周边的区域（图3.1-7）。

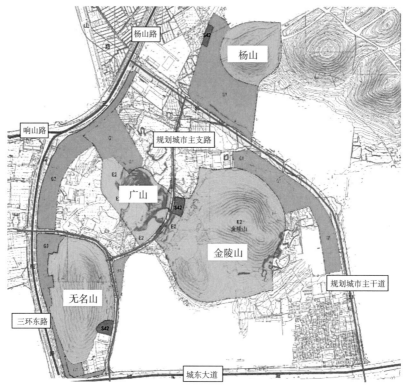

图3.1-7　五山公园范围图

　　五山公园在规划设计上体现4大特色：护山、留水、激活、呼吸。护山，即尊重现有生态基底和现状地形，以生态保护、生态恢复为准则，保护山林，禁止设置破坏山林生态的设施，同时对遭到采矿毁坏的山体进行生态修复，恢复山林生态环境；留水，即运用"海绵城市"理念，利用山地地形设置旱溪、截水沟等蓄水设施，留住雨水，营造雨水花园，采用生态节约的雨洪管理技术；激活，即通过科学分析，用景观设计手法合理布置运动健身、休闲等功能设施，满足市民的多样化需求；呼吸，即在护山、留水、激活的大背景下，营造自然生态的城市绿岛，为公众提供放松身心的绿色天然氧吧。

　　为满足游客健身、休闲等功能要求，公园规划建设有老年活动区、儿童游乐区、康体休闲广场、音乐舞台、林下健身广场等功能区和游客服务中心、景观廊亭等设施，同时通过植物造景等方式对采石废弃地进行生态修复，栽植银杏、乌桕、枫香、黄连木、黄栌、柿树等色叶乡土树种和紫丁香、早樱、梅花、紫薇、海棠等开花乔灌木，营造花开四季，绚丽多彩的美丽景观。进入公园，高大的色叶乔木、次第绽放的花灌木、色彩斑斓的大片花海、如诗如画的粉黛乱子草，充满泥土芬芳，洋溢着乡土气息，使游人犹如进入一片天然的植物世界中（图3.1-8）。

图3.1-8　五山公园景观

　　白云山山体公园占地面积26.67hm²，公园建设前，由于开山采石、拾荒种地等原因，山体破坏严重，树种单一，植被稀少，植被覆盖率仅25%左右，水土流失严重。公园建设在原有山林植被的基础上，栽植雪松、银杏、女贞、柿树、榉树、乌桕、三角枫、木槿、紫叶李等乔灌木30余种共计3.6万株，铺设地被21hm²。在此基础上，建设了山门、活动广场、亭、榭等休憩设施，满足了周边群众的休闲运动需求。公园的主要景点有：倚水瞻月、柳絮春坞、九曲凌波、玲珑石涧、长虹卧波、云仙飞虹、松鹤听涛、九天揽月等（图3.1-9）。

图3.1-9 白云山公园景观

（2）西北部山体保护与生态修复片区

西北部山体保护与生态修复区包括九里山—琵琶山等山体，九里山东西长4.5km，共有9座山峰，在这9座山峰中，以象山、团山、宝峰山景色最为多姿，三峰耸立，相互辉映，气象万千。西峰"形象如象"，称为象山，中峰高而圆，名曰团山，东峰谓宝峰山。在九里山诸余脉中，以东端的琵琶山景色最佳，因山形酷似琵琶而得名，主峰北侧与簸箕山、米山、火山、水山相连。过去这一带岩石裸露，杂树稀落，荒草茫茫，经过几十年的植树造林，尤其是近年的生态复绿和边坡绿化等工程的实施，如今的森林覆盖率已达90%以上，群峰竞秀，森林繁茂（图3.1-10）。

图3.1-10 九里山景观

九里山还是著名的古战场，作为固守徐州的屏障，从春秋战国时期到新中国成立，曾发生大小战争400余起，其中包括楚汉相争、十面埋伏、彭城之争、九里山伏击战等著名战役，现存古战场遗址、樊哙磨旗石、烽火台等历史遗迹，拥有厚重的军事文化底蕴。1997年，张爱萍将军登临九里山参观古战场，题写了"九里山古战场遗址"八个大字，被镌刻在九里山山口的崖壁上（图3.1-11）。

（3）东南部山体风景林片区——拖龙山、吕梁山

拖龙山位于徐州东南部，呈东北—西南走向，长近4km，最高海拔135m，长期的开山

采石留下大量的采石宕口，危崖裸露，植被覆盖率低（图3.1-12）。自2005年起，通过荒山绿化、采石宕口修复、山体公园建设等途径，提高了植被覆盖率，丰富了山体景观和功能。

图3.1-11 九里山古战场遗址石刻

拖龙山山体公园位于新城区昆仑大道南侧，迎宾大道东侧，依山势而建，总面积逾8万m²，由山上、山下两部分组成。山下部分建设了约400m²的入口广场，2000m²的龙耀广场及供游客休息的休息亭、游步道、环山路、停车场等各种配套设施。植物配置以组团式配置为主，增大常绿植物用量，做到植物景观与硬质景观和谐一致，达到三季有花、四季有景的景观效果。山上部分以植物造景为主，采用色彩变化显著且有季节特征的植物，丰富植物色彩元素，增加植物色相变化，主要植物种类有红枫、银杏、三角枫、重阳木、乌桕等；位于山腰处的漫岭野趣分区，栽植火炬树、五角枫等色叶树种，结合山体原有野草、野花并充实部分地被植物；山脚处配置

图3.1-12 修复前的拖龙山

树冠优美的大乔木，山上风貌与山下景观浑然一体。为便于游人观赏大龙湖、故黄河美景及山体休闲需要，山顶还修建了游步道（图3.1-13、图3.1-14）。

图3.1-13 拖龙山公园全景

图3.1-14 拖龙山公园局部景观

荒山绿化主要对原裸露的山体，通过定向爆破、鱼鳞坑整地、小梯田整地、客土回填等方式，改善种植条件，种植侧柏、女贞、黄连木、刺槐、三角枫、乌桕等树种，恢复植被，提高植被覆盖率。

采石宕口在地质灾害评估的基础上，采用工程措施与生物措施相结合的方法对破坏的山体进行生态修复。在植被修复之前先对整个场地进行地质修复，将坡度陡峭的区域整理成坡度平缓的山地，降低不稳定系数，增加坡面的稳定性；对于松动的岩石，人工排险，防止随时滑落；在完成地形坡面整理后，根据场地特征因地制宜采用喷播、植物纤维毯、植生袋、垂直绿化、筑平台绿化、平面绿化等不同绿化方式恢复植被，植被恢复过程中，树种选择注重本地化，乔木、灌木、地被相结合，落叶树种为主，常绿树种、色叶树种点缀搭配，实现植被恢复与景观再造相结合，增加景观异质性，提升视觉效果。

吕梁山风景旅游区位于市区东部的铜山区境内，呈三角形，大致由东北—西南向的连霍高速公路、东南—西北向的G104国道和南北向的252省道合围而成，总面积209.97km²。地貌特征为三片山区间夹三片平原。由于群山分割，景区内水系不统一，分属京杭大运河（不牢河段）、故黄河、房亭河、奎睢河4大水系。山区湖泊（水库）众多，其中较大的有吕梁湖水库、倪园水库、圣人窝水库、杨洼水库、白塔水库、白桥水库等（图3.1-15）。

图3.1-15 吕梁山风景旅游区

（4）西南部自然保护和山体公园片区——泉山、云龙山、珠山、泰山

泉山自然保护区位于市区三环南路南侧，与拉犁山、韩山、泰山、云龙山等相连相

望，为市区最高之山峰，素有"彭城第一山"之称。山有五峰，称为"五老峰"，总面积261hm²，禁止开发区为自然保护区的核心区和缓冲区，包括泉山、虎头山主峰区域，面积131hm²。区内有种子植物112科317属590余种，野生动物10余纲20余科近200种，森林覆盖率达到95%，是徐州市区生物多样性最丰富的区域，1982年被批准为省级自然保护区，保护对象为暖温带石灰岩山地森林生态系统（图3.1–16）。

图3.1–16　泉山自然保护区

为丰富泉山自然保护区的功能，1999年2月，经江苏省林业勘察设计院详细规划，在外围保护地带建设了泉山森林公园并于2013年5月进行了敞园改造。改造工程本着"自然、生态、原始"的原则，在保留原有大树和植物群落的基础上，增补形态优美的银杏、香樟、乌桕等较大规格的常绿、色叶树种，形成高低错落、绿中透彩、生机盎然的森林生态景观，同时完善了道路、给排水、城市家具等基础服务设施，建设了北大门（图3.1–17）、天开广场、龙泉湖、水杉林、曲水流溪、牡丹园、虚怀园、大树园等景区景点。

天开广场：位于北大门内，寓意为"虽由人作，宛自天开"。中心地带设置景观树池，池内乌桕、泰山松与自然石搭配，简洁明快（图3.1–18）。

图3.1–17　泉山森林公园北大门

图3.1–18　泉山森林公园天开广场

龙泉湖：作为公园的核心景观，是整个森林公园的"点睛之笔"。水面面积2.5hm²，沿湖建设了5个亲水平台和3个湖岸小岛，龙泉湖以南，三座拱桥连一座平桥，形成"湖中有岛，岛岛相连"的自然式湿地景观（图3.1-19）。

水杉林：位于龙泉湖南岸，保留原有数十株30多米高的水杉，林下铺设蜿蜒的木质栈道，栈道北侧有观湖木质平台，水杉林间，浓荫蔽日，为夏日休憩的人们带来阵阵凉意（图3.1-20）。

大树园：位于公园东南部，大面积种植对人体有保健作用的树种如皂荚、朴树、青檀、黄连木、香樟、乌桕等高大树木，还有一条由龙泉湖引出的小溪贯穿其中，潺潺的溪水给幽静的大树园增添了灵性。

牡丹园：以牡丹种植、观赏为主的专类园，园中栽植数十种牡丹，其中包括一些牡丹珍品；为给游客提供舒适的观赏和休憩场所，园中还建设了牡丹亭；为延长赏花期，牡丹中还间植了月季、芍药（图3.1-21）。

群羊坡：分布在西峰东坡，面积约为0.93hm²，为大片石灰岩天然形成，其状如绵羊，布满山野，或蹲或卧，或跳或跃，借北宋大文学家苏东坡《登云龙山》中"醉中走上黄茅岗，满冈乱石如群羊"之"群羊"二字命名、成为园中特有景观。

猕猴保护区：东泉山口是野生猕猴经常出没的区域，被划定为猕猴自然保护区。2004年首次发现野生猕猴在山林中出没，为了优化种群，陆续从安徽、河南等地引进猕猴60余只，放归山林。为了改善野化猕猴的生存条件，根据猕猴的生态习性合理配置植物，点缀部分景石，并在园内每天定点投放食物，吸引猕猴群前来觅食嬉戏，形成了人与动物亲密接触、人与自然和谐共处的场景（图3.1-22）。

图3.1-19　泉山森林公园龙泉湖

图3.1-20　泉山森林公园水杉林

图3.1-21　泉山森林公园牡丹园

图3.1-22　泉山森林公园猕猴保护区

图3.1-23　云龙山兴化寺

图3.1-24　云龙山曲港跳鱼

图3.1-25　云龙山观景台

图3.1-26　云龙山东坡石床

图3.1-27　云龙书院

图3.1-28　云龙山北大门石刻

　　云龙山位于徐州市区南部，北抵和平路，南至金山东路，自北向南绵延约3km，占地126hm²，其间共有9座山头，最高峰海拔142m，山的走向为东北西南走向。据《江南通志》记载："宋武微时憩息于此，有云龙环绕之异。"又据《徐州府志》记载："山有云气蜿蜒如龙"，"云龙"之名由此得来。历史上的云龙山自然风光怡人，同时又是佛教名山和文化名山，拥有悠久的文化传承。自北魏大石佛诞生，经北魏、唐、宋、元、明、清各代着力营造，使云龙山变成了人文景观荟萃、文物古迹璀璨的著名文化旅游胜地，山上拥有兴化寺、放鹤亭、大士岩、云龙书院、山西会馆、船亭和碑廊等名胜古迹。宋代大文豪苏东坡的《放鹤亭记》以及他与云龙山隐士张天骥之间的友谊，令云龙山名扬天下，历代文人墨客慕名而来，于游览观光之余，发思古之幽情，留下大量诗、文、书法碑刻。乾隆皇帝六下江南，四过徐州，每次都到云龙山，云龙山碑廊保留有乾隆皇帝御笔亲书苏东坡的《放鹤亭记》。由于历次战争、自然灾害等影响，云龙山自然景观和文物古迹屡遭破坏，1952年前除一节山生长有少量树木外，大多为荒山秃岭。1952年10月29日，毛泽东主席视察徐州时登临云龙山，做出"绿化造林，变穷山为富山"的重要指示。此后，徐州市政府每年春季都组织干部群众上山义务植树，至70年代末，云龙山森林覆盖率达到97.9%，昔日的荒山秃岭，如今郁郁葱葱，生机盎然。在修复生态环境的同时，对被破坏的文物古迹进行了恢复重建和修复，建设了观景台、十里杏花村、张山人故居、云龙书院等一批新的景区和景点（图3.1-23～图3.1-28）。

　　珠山位于云龙湖南岸，是云龙湖风景区的重要组成部分，2013年对环绕珠山的大山头、沟湾、屯里村实施整体拆迁，建设了以道教文化为主题的珠山景区。景区以徐州丰县籍道教创始人张道陵的仙路历程——得道、修炼、斗法、立教、升天来展示道家文化，同时充分注重游人的参与性和融入性，形成特色鲜明的集文化、生态、休闲为一体的开放式主题性景区。主要景点"鹤鸣台"象征张道陵得道阶段，其中的无极雕塑、混沌花园乃凸显景点主题的点睛之笔；"百草坛"取张道陵为拯救百姓苍生，制出祛病健体的神秘草药配方，瘟疫得以祛除的故事，星宿广场的二十八星宿雕塑突出景点主题；"天师广场"象征张道陵的斗法阶段，广场上的玄珠雕塑，表达着道家对于世界的认知及其深厚的哲学思想；天师岭是

图3.1-29 珠山景区全貌

珠山景区的最大亮点，"五斗瀑布"因道教亦称五斗米教得名，通过叠石引水而成，石与水一刚一柔、一静一动，相映成趣。天师岭顶还矗立了张道陵雕像（图3.1-29～图3.1-35）。

泰山位于徐州城南，总面积79.81hm²，原为荒山，经过"荒山绿化"，森林覆盖率达到95%，其中90%为侧柏林，10%为次生刺槐、楝树、榔榆、臭椿、黄连木、枫杨、皂荚等，主要建筑有山顶的泰山寺和山脚的普照庵。

为丰富山体景观及功能，2017年在泰山西坡和西南坡山脚地带建设了山体公园。泰

图3.1-30 珠山景区天师岭瀑布

图3.1-31 珠山景区张道陵雕塑

图3.1-32 珠山景区百草坪

图3.1-33 珠山广场

图3.1-34 珠山景区创教路

图3.1-35 珠山景区星宿广场

山西坡山体公园西临泰山路，南接金山东路绿地，北连普照庵入口，全长约1300m，宽20～50m，为狭长带状公园。公园建设以营造自然生态景观和城市"绿色海绵体"为理念，充分运用"渗、滞、蓄、净、用、排"等海绵城市建设技术，融合地形、绿地、景观为一体，形成有利于减少日常养护管理成本的自然、生态、节能的绿化景观。为满足不同人群使用要求，公园由北到南贯穿了一条宽度为2.5～3m的无障碍绿道，此外还建设了林荫广场、健身场地、仿古亭廊等，满足市民使用需求；植物造景方面，在保留原有山林树木的基础上，增加部分色叶、落叶树木和花境植物，实现局部林相改造，丰富景观层次，形成新建植被与原生植被交叉延伸，相互交融的新景观（图3.1-36～图3.1-39）。

图3.1-36 泰山西南坡游园

图3.1-37 泰山西南坡游园凉亭

图3.1-38 泰山西坡山体公园渗水沟

图3.1-39 泰山西坡山体公园生态滞留塘

3.1.2 碧水穿流，绿廊交错

河流是城市重要的生态廊道和文化载体，是营造城市绿地景观的重要元素，也是广大市民亲近自然的最佳场所。徐州市河道资源较为丰富，在城市绿地景观营建中，将流经市区的河流作为重要的自然生态景观资源，先后组织实施了故黄河、奎河、丁万河、荆马河、徐运新河、楚河等城市河道的综合治理，严格保护原有水域、地貌；埋设截污管道，改善河流水质；同时，全面实施沿岸绿地景观建设，在河道两侧广植水杉、柳树、枫杨、乌桕等乡土树种，形成宽度10～100m的生态廊道；因地制宜设置节点游园、广场、码头、亲水平台等，为市民临水赏景、休闲、健身提供大小错落的多处空间，打造出一条条美丽怡人的翠绿玉带。

1. 故黄河风光带

黄河故道这条古老河流从宋代至清代在徐州流经了600多年，由西北向东南滔滔碧水绵延14km，是徐州市最重要的生态景观河道。由于长期以来上游已无来水，一度堤岸残破，河道淤塞，两岸杂草丛生。自20世纪80年代以来，以打造"一项承载文化与自然的双重遗产，一个宣示热情、粗犷的精神家园，一条体验地域市井生活的游憩廊道"为目标，对故黄河实施了持续的综合治理。2006年，为进一步提升故黄河风光带景观，实施了故黄河风光带综合整治工程，工程范围从西三环到汉桥，长9.6km。整治工程首次提出了"水安全、水环境、水景观、水文化、水经济"五位一体的新理念，整治内容包括河道清淤、污水截流、景观建设等，建设沿河游览步道近20km，滨水平台10余处，游船码头8个，以徐州历史、黄河文化为主题，建设文化景观8处11个，包括兵魂广场、古黄河公园、黄楼公园、显红岛、百步洪广场等不同文化内涵的景区。如今的故黄河风光带，绿地内地形高低起伏，园路曲折流畅，黄楼、牌楼、镇河铁牛、显红岛、各具特色的滨水广场、古朴的古典建筑、充满文化气息的各式小品、花团锦簇的植物交相辉映，形成了层次丰富、景观优美、人文景观丰富的滨水特色风光带，为名城徐州溢光增彩，平添无限的魅力（图3.1-40、图3.1-41）。

图3.1-40　故黄河风光带

兵魂广场位于故黄河北岸，民馨园东侧，以古战场九里山为背景，群雕以花岗岩堆叠出汉代将士排兵布阵的浩大气势，充满引而不发的内在张力。

古黄河景石广场位于西三环路桥北，高台上相对而立两块黄色巨石，高约6m。两块巨石中间弯弯曲曲的轮廓勾画出河流的形态，寓意自汉代以来故黄河穿越徐州，养育了一方水土；而整体造型则传达了"君不见黄河之水天上来"的悠远意境，令人回味无穷。

百步洪广场位于和平桥西头南侧，绿地内放有两块粉红花岗岩巨石，大的一块上刻有"百步洪"三个字。巨石前一块雕刻成水浪形的花岗岩石上刻着苏轼《百步洪》诗句，广场南端的萃墨亭和慨然亭记载了苏轼等乘月夜游玩百步洪的故事。

| 兵魂广场 | 古黄河景石 | 百步洪广场 |

| 古黄河公园 | 镇河牛 | 显红岛公园 |

图3.1-41 故黄河风光带部分景点

2. 奎河带状公园

奎河因黄河而生，是故黄河以南主城区唯一的排洪河道。由于历史原因，一度成为排污沟。2009—2010年对奎河两岸全面实施截污、河道清淤、扩挖、河底河坡生态防护和绿化建设工程。中心城区段两侧已没有生态绿化空间的河段加盖SP大板，覆土栽种花木而成生态景园；中心城区外河段沿岸增添生态驳岸、雕石画栏、亭台楼榭、景观道路及娱乐、健身设施，成为城区中南部的重要生态景观廊道（图3.1-42～图3.1-45）。

图3.1-42 奎河带状公园

图3.1-43　奎河迎宾游园　　　图3.1-44　奎河欣欣路段　　　图3.1-45　奎河南三环段游园
　　　　　　　　　　　　　　　　　　　游园凉亭

3. 丁万河风光带

丁万河西起丁楼与故黄河相通，东至万寨与京杭大运河相连，全长12.5km，流域面积达27.5km²，是京杭运河的一条支流，也是故黄河的一条重要分洪道，保障着市区防洪安全。该河开挖始于1984年，历经近30年的运行，河道淤积严重，两岸污水随意入河，垃圾遍布，严重影响河道功能发挥和沿线群众的生产生活安全。2010年开始，丁万河所在的鼓楼区毅然关闭搬迁了丁万河沿线的近百家小化工企业，从源头上彻底解决了工业废水污染问题，2011年关闭了沿线的小煤码头17家，迁移关闭附近的煤沙堆场几十家、养殖场近万平方米，同时对周边污染源进行综合整治，为整治丁万河做好前期准备。2012年，以"打造徐州市最美河流"为目标，投资4.3亿元实施了丁万河水环境综合整治工程，工程内容包括河道疏浚、河道沿线增设截污设施、拆除危桥、建造新桥、改造全线河道护岸、增设游步道、河道两侧打造滨水景观等，整治后的丁万河水质及水环境得到全面提升，河道两岸的生态环境显著改善，成为市区北部绿水相依的"绿波长廊"。

丁万河水利风景区是丁万河水环境综合整治工程的重要组成部分，是以水文化为灵魂，以楚汉文化为特色，集水利科普、观光游憩、文化体验、运动休闲、水生态为一体的水利风景区，2015年顺利通过水利部专家评审验收，跻身"国家水利风景区"行列。风景区包括丁万河带状公园及沿线的劳武港防灾公园、两河口公园、楚园等重要节点，呈现"一条碧链串翠珠"的景观结构（图3.1-46）。

丁万河带状公园位于天齐路至平山路之间，丁万河南岸，全长约1.7km，以丁万河为依托，将劳武港公园与楚园相连，组成一条"水清、岸绿、景美"的滨河景观廊道。公园分为健身游憩区、生态休闲区、生态游憩区三部分，建设有龙施雨沛水车、水博馆、治水名贤广场、水韵诗廊、战神雕塑、民俗广场等景点，是一个集景观观赏、康体健身和休闲娱乐于一体的滨水生态公园（图3.1-47～图3.1-51）。

劳武岗防灾公园是徐州市首个防灾避险主题公园，灾时公园可发挥中心级避难场所的功能，平时又是一个植物丰富、环境优美，兼备防灾减灾科普教育、健身休憩功能的现代滨水公园（图3.1-52、图3.1-53）；两河口公园以"生态、净化（水体、空气）、观赏、享乐"为主题，包括台地景观区、湿地景观区、森林体验区三大功能区，每个功能区内又细分出若干小空间，为人们提供了多元化的活动和休闲场所（图3.1-54）；楚园占地38.8hm²，以浪漫、自由、奔放的楚文化为主题，彰显了徐州"楚韵汉风"文化特色中的"楚韵"特质（图3.1-55）。

图3.1-46　丁万河水利
风景区景石

图3.1-47　丁万河带状公园

图3.1-48　丁万河水利
风景区导览图

图3.1-49　龙施雨沛水车

图3.1-50　水韵诗廊

图3.1-51　水博馆

图3.1-52　劳务港防灾公园功能分区图

图3.1-53　劳务港防灾公园广场

图3.1-54　两河口公园

图3.1-55　楚园

4．三八河带状公园

三八河挖掘于20世纪50年代，从郭庄起，绵延至房亭河处，全长近6km，是主城区东部一条重要的防洪排涝功能性河道。2012年起，云龙区政府实施了三八河综合整治工程，整治工程在将故黄河的水引入三八河的基础上，沿河道北岸建设了以生态防护为主导功能的景观带，沿河南岸汉源大道至备战路约3500m区段，分三期建设了宽度25～30m的滨河带状公园。公园以三八河为主体，自然生态为主线，充分依托河道现状，利用现代造景因素，因地制宜，形成由点到面再到生态滨水长廊的景观格局（图3.1-56～图3.1-58）。

一期工程位于庆丰路至兴云路段，配合南侧大型居住小区，突出"新空间、新生活、新享受"三大主题，总体布局以位于中段的主入口为景观轴线向两侧延伸，沿岸布置各类亲水构筑物，主要功能区有树阵广场、下沉式亲水平台区、生态密林游览区、花卉观赏区、滨水漫步区和芳香品茗区，满足居民休闲、健身、游赏等多种功能需求。

二期工程位于兴云路至汉源大道，根据周边用地属性及场地滨水的自身特点，提炼"舞"的形态，打造穿越林中的感官体验：长草飘舞、落英飞舞以及走在林荫下心情的欢舞，最终形成"林中曼舞"的整体观感。公园建有蜿蜒的飘带状道路串联全区，还将古朴

图3.1-56　三八河带状公园　　　　　图3.1-57　三八河带状公园生态浮岛

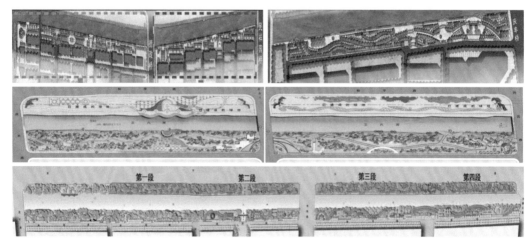

图3.1-58　三八河带状公园总平面图

大气的徐州汉文化风格运用于设计当中，搭配丰富的植物景观，让游客在游览的过程中感受文化、体验季节的变化和河岸生态廊道的独特魅力。

三期工程位于庆丰路至备战路，东近万达广场，中西部为大型居住区。公园以"逸景、怡人、宜居"为目标，分为商业滨水景观区和居住滨水景观区两大块。商业滨水景观区以"打造开敞办公商业景观"为主题，设有商业中心广场、休闲廊架广场、弧形挡墙广场、健身广场等节点和临水步道；居住滨水景观区围绕居民休闲、健身，设有儿童游戏广场、休闲亭廊、休闲树阵广场、健身广场等节点和临水步道、临水平台。

5. 徐运新河带状公园

徐运新河是原徐州内港进出京杭大运河的联络水道。随着徐州内港的退港还湖，其运输使命亦告完成，为打造滨水带状公园提供了条件。公园在管线下地、驳岸改造、绿化的基础上，建设了贯通南北的无障碍健身绿道和健身广场、休闲广场、树阵广场等多处广场，并设置了花架、亭廊及坐椅等休憩设施，满足周边居民健身、休憩等需求。建成后的徐运新河带状公园与九龙湖公园、荆马河带状公园、两河口公园、三环北路生态廊道相交联，并与祥和路绿地等有机结合，形成北区完整的生态网络，辐射到清水湾、华夏生态园、朱庄小区等十余个小区，极大地改善了北区生态环境（图3.1-59）。

图3.1-59　徐运新河带状公园

6. 荆马河带状公园

荆马河带状公园分布在荆马河中山北路至复兴北路段，以绿化为主，结合绿化，在几个交叉路口和居住小区附近建设了重要节点，配置广场、亲水平台、休息廊亭和景观小品，满足游人需求。走在荆马河两岸，碧水中流，水清岸绿（图3.1-60）。

图3.1-60　荆马河带状公园景观

7. 楚河带状公园

楚河是位于铜山新区的一条重要排涝河道，为提升河道的生态与景观质量，2008年，铜山区将河道命名为楚河——取楚风汉韵、楚楚动人之意，体现出人们对这条河的美好愿景，并组织楚河带状公园建设。建成后的楚河带状公园东起北京路，西至走马山隧道，长约2.5km，南北跨度约350m，为集休闲、观光、娱乐等多功能于一体，主题鲜明，古典与现代有机结合的滨水绿化生态景观带和城市绿色客厅（图3.1-61～图3.1-63）。

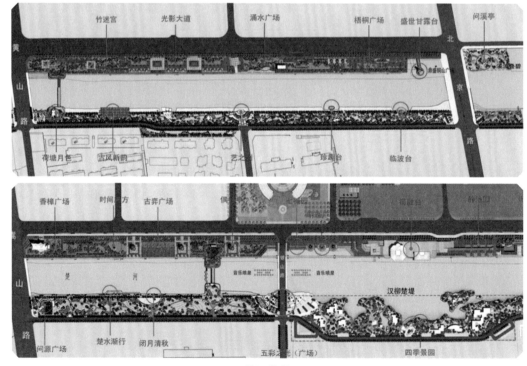

图3.1-61　楚河带状公园平面图

图3.1-62 楚河带状公园

滨岸植物

凉亭

游园

游园景石

图3.1-63 楚河带状公园节点景观

楚河北岸为人文景观区，以河道中间两座桥梁为界，自西向东依次划分为河源段、时风段、古韵段3个景区。河源段以自然植被为主，其中串联樟树树阵广场、古栾广场和时间魔方等；时风段以现代景观构造手法，通过河道中的音乐喷泉与岸边的明珠广场、揽胜台、光影大道等，强烈表达出当今的时代风貌；古韵段以盛世甘露台为中心，左右两侧分别布置梧桐广场、问溪亭，并通过涌水广场实现与时风段的自然过渡。

楚河南岸为生态景观区，划分为自然游憩区、康体娱乐区、生态教育区三个景区。自然游憩区以自然丘壑模拟山水地形，通过对原有堤台的生态化改造，塑造出富于生机的滨水环境；康体娱乐区结合地形设置适当的功能性休闲服务建筑，景观集中体现在筑岛、堆山、理水的空间特征中，以林地、栈桥、亭廊等设施，最大限度的将时尚功能与自然山水融合，并以亲水平台、室外庭园联系其间，在桥头入口两段各设置一处滨水广场，随着地形层层跌落，为市民提供最佳赏景地；生态教育区分黄山路—北京路区段与北京路以东区段2个区段，其中黄山路—北京路区段以乔木为主，串联步行小径、亲水垂钓设施，并结合原有泵房建设了具有中国传统园林特色的微缩园林景观，强化滨水环境的文化特色；北京路以东区段以自然湿地景观为特色，通过地形堆叠和水系整理，形成宽窄不同、大小各异的水面，水中种植水生植物，随着水位不同展示不同的生态景观。

公园总体景观特色为"三影"，即"山影、岛影、林影"。其中山影位于河道西段，采用借景手法，将凤凰山与滨水地形形成对比，互为映衬，形成远近不同，遥相呼应的空间层次；岛影位于河道中段，侧重以自然生态的地形塑造出富于野趣的山水格局，在城区中勾画出一幅现代人文山水画卷；林影位于河道东段，基于原有植被的特点，以生态林为主，水与林相呼应，塑造出蓝与绿的交响曲。

3.1.3 七湖润彭，湖城相映

徐州主城区湖泊多为人工湖（人工水库）、采煤塌陷区积水而成的湖泊及内河港口，主要功能以蓄水、养殖、运输等为主，环境较差，有些水域如内河港口污水横流，严重影响周边环境，成为市区的脏乱差区域。对这些水域进行改造，将湖泊的使用功能与生态功能相结合，成为建设生态园林城市的必然要求。从2003年起，徐州市持续实施了"显山露水""退渔（港）还湖""扩湖增水""湿地修复"等工程，建成了云龙湖、大龙湖、金龙湖、九龙湖、九里湖、潘安湖、娇山湖等公园（景区），形成了"七湖润彭，湖城相映"的景观风貌。

1. 云龙湖风景区

云龙湖风景区位于徐州城区西南部，核心区面积37.5km²，是徐州市的标志性景区。云龙湖东傍云龙山，南靠珠山、大山头、拉犁山，西依韩山，三面青山，叠翠连绵，北临滨湖大堤，一湖波光，尽收眼底，令人胸襟豁然，构成了"三面环山一面湖，一堤一城相毗邻"的城景相依的自然态势。沿湖而行，绿草如茵，阳春桃红柳绿，仲夏荷花比艳，深秋枫叶如火，严冬青松傲雪，四时风光鲜明，各自异彩纷呈。整个景区地形自然起伏，游园步道曲折蜿蜒，休憩广场风格各异，古典园林建筑隐约其间。"静湖幽园、苏北江南；亭楼肆苑、水乡闲情"的小南湖荷塘鱼藕幽静雅致，湖堤春晓典雅清秀，石瓮倚月古朴端庄，十里杏花扬雪映湖，苏公岛、鸣鹤洲、荷风岛清风袭袭、荷香阵阵，秋韵园芦苇轻摇、层林尽染，真山真水的珠山古朴清幽自然，小桥流水、名苑流香，亭、园、榭、轩、阁与桥、堤、台构成一幅自然山水画卷，北湖之雄、南湖之秀，在这里得到了完美的诠释（图3.1-64～图3.1-69）

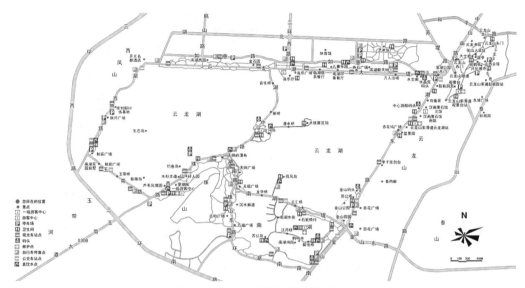

图3.1-64　云龙湖风景区平面图

图3.1-65　云龙湖风景区

图3.1-66　云龙湖风景区水上世界水族馆

图3.1-67　云龙湖风景区苏公塔

图3.1-68　云龙湖音乐厅广场　　　　　　　　图3.1-69　云龙湖石瓮倚月

　　小南湖位于云龙湖南岸，原以鱼塘为主，兼有少量菜地、大棚、花市，建筑陈旧无序，荒地杂乱不堪，同景区环境极不协调，严重影响云龙湖的自然景观和生态环境。为保护好云龙湖这片难得的风景资源，恢复景区山水相依的自然空间布局的完整性，2003年起实施了小南湖片区生态景观修复项目，修复面积1.04km^2，增加水面0.76km^2，扩建绿地28.3hm^2，新建景观桥6座，码头5处，园林古典建筑4500m^2，改造道路3250m，同时，还实施了截污工程和整个片区的亮化工程，通过修复，云龙湖水面向南延展将近1km，绿地的增加，对调节徐州市区乃至周边地区空气湿度，增强水体自净能力发挥了重要的生态作用，大量的湿生、水生植物种植，丰富了植物多样性，营造出生态功能显著、结构稳定的自然生态群落，促进了人与自然的和谐，提高了人居环境的质量，同时为徐州市民和广大游客提供了新的景区（图3.1-70～图3.1-75）。

图3.1-70　塔望小南湖

图3.1-71 名湖映名山

图3.1-72 小南湖荷花塘鱼

图3.1-73 小南湖水瓶女神

图3.1-74 小南湖观湖长廊

图3.1-75 小南湖解忧桥

市民广场位于云龙湖北岸，采取"一湖、两轴、三场、四园、多点"的总体布局。南北纵轴围绕名人雕塑广场展开；东西横轴为历史长河玻雕，展示了徐州6000年的历史演变，星辰广场、汉之源广场、未来广场依次点缀其间；银杏园、紫薇园、玉兰园、梅园、丹桂园分布两侧，营造出"春花、夏荫、秋色、冬形"的景观效果。"童年回忆"、"民风民俗"以及时间之窗、汉之源、月影风帆、徐州历史名人等8组形态各异的雕塑散布在广场、绿地间，进一步丰富了广场的文化内涵和景观艺术效果（图3.1-76～图3.1-79）。

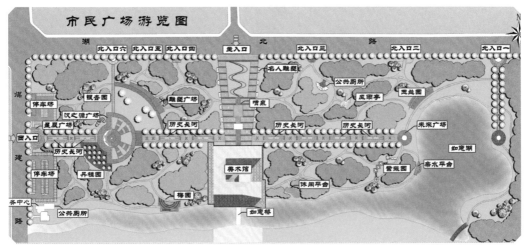

图3.1-76 市民广场游览图

图3.1-77 市民广场"历史长河"雕塑

图3.1-78 市民广场"汉之源"景墙

图3.1-79 市民广场名人雕塑广场

滨湖公园坐落在云龙湖北岸，东接云龙山，西连韩山，南依云龙湖，北靠市民广场，是一个集观光、餐饮、度假为一体的乐园。滨湖公园有万人游泳场、寿石广场、儿童乐园、金石园等著名景点，这里将动与静、自然天成与人工雕凿、园林绿地与建筑巧妙的搭配在一起，给人一种风格迥异的审美享受。金石园陈列有50余块大型金石篆刻作品，内容主要为历代名印和历代名人赞美徐州的题语，为公园增添了浓厚的文化韵味（图3.1-80～图3.1-83）。

图3.1-80 滨湖公园鸟瞰

图3.1-81 滨湖公园彭城金石园

图3.1-82 滨湖公园沿湖景观

图3.1-83 滨湖公园湿地

湖东文化古迹区北起云龙山隧道，南至云龙山九节山尾，以自然山水风光和两汉文化、苏轼文化为依托，自然景观与人文景观交相辉映，时代风情与历史文化珠联璧合，有湖东景观路、杏花春雨、果树盆艺园、杏花村馆、苏公塔影、汉画像石馆、刘备泉、季子挂剑台等多处景点（图3.1-84～图3.1-87）。

图3.1-84　苏公塔　　　　图3.1-85　杏花村馆　　　　图3.1-86　刘备泉　　　　图3.1-87　季子挂剑台

沉水廊道景区位于珠山景区，总长148m，廊道内湖水域面积1.1hm²。行走其中，透过两侧的玻璃，可以看到各种鱼类嬉戏于水生植物之间，是目前国内最长最具现代风采的沉水廊道景观（图3.1-88）。

图3.1-88　沉水廊道

诗博园位于珠山东麓，与沉水廊道相互呼应，占地面积约5.7hm²，依次布置从春秋战国一直到近现代的诗词景观小品，通过景墙、屏风、玻雕、小品等多种形式以及石材、玻璃、金属等不同材质集中展示徐州的诗词文化（图3.1-89）。

图3.1-89　诗博园景观

2. 大龙湖景区

大龙湖景区位于徐州新城区，前身为大龙口水库，西、南、东坝体外围散布池塘，水库形状规整，西北、西南、东三个方向为块石驳岸，东北方向为自然土岸，水面面积1.2km²。作为新城区的"生态绿心"，2004年起以大龙口水库为主体，开始了大龙湖景区建设工程，2008年大龙湖景区建设工程全面完成，工程通过"扩湖增水"，将水面由原来的1.2km²扩大到2km²，连同周边景观绿化，占地共4.5km²，成为新城区的生态绿心（图3.1-90）。

图3.1-90　大龙湖全景

图3.1-91　大龙湖观景亭

图3.1-92　大龙湖湖心岛

图3.1-93　大龙湖滨湖广场

大龙湖景区集休闲娱乐、体育健身、旅游观光为一体，将"生态、景观、文化、生活"四项功能有机整合，划分为公共活动区、文化展示区、康乐休闲区、湿地生态观赏区等功能区。文化展示以玉文化为主，分成玉璜区、玉璧区、玉琥区、玉琮区、玉圭区，主要由湖面、岛屿、绿地、广场及一些文化娱乐设施组成，体现了"玉带悬珠，龙口衔玉"的理念（图3.1-91～图3.1-93）。

顺堤河风光带是大龙湖景区的组成部分，南岸分为春、夏、秋、冬四个分区，寓意四季更替。春广场以海棠为主，聚集了"海棠四品"，有西府海棠、垂丝海棠、贴梗海棠、木瓜海棠共535株，此外，还配有白玉兰、杏、樱花、丁香、紫叶李、紫荆、迎春、金钟及成片春季草花，突出"寻春、踏春"之意境；秋广场以银杏、桂花为主，冬广场以红梅、蜡梅为主，种植约650棵红梅、蜡梅约150棵，北岸与通过市民广场的景观轴交汇于"金星广场"，在"金星广场"东西两侧分别为"启明"广场和"长庚广场"（图3.1-94～图3.1-96）。

图3.1-94　顺堤河风光带

图3.1-95　顺堤河四季广场

玉璜区、玉璧区位于大龙湖北岸，东西长1500m，南北宽300m，面积58hm²，是以生态为主，兼具休闲、健身、游憩和文化交流4项功能的大型滨水绿地。全区划分为草坪花境区、疏林草地区、密林生态区、沿湖景观带、水生、湿生植物区。这里有徐州市面积最大的开放式草坪，草坪面积约7.5hm²，是春季市民放飞风筝的首选之处（图3.1-97）。

玉琥区、玉琮I区位于大龙湖西岸，为湿地公园，设有水生植物区、野生花卉景观带、桃花岛植物景观区、芦荡灌木丛景区、竹溪林径景观带、荷花景观区、湿生沼生植被培育区等植物景区。桃花岛内栽植毛桃约600棵，碧桃约400棵，春季桃花盛开之际，整个岛宛如粉色的海洋，让人心旷神怡、流连忘返（图3.1-98、图3.1-99）。

玉棕Ⅱ区位于大龙湖南岸偏东，又名情人湾，是以爱情为题材的主题景区，心型广场、紫藤廊道、亲水沙滩，营造了浪漫温馨的氛围。

图3.1-96 大龙湖广场

图3.1-97 大龙湖草坪

图3.1-98 大龙湖湿地

图3.1-99 大龙湖湿地木栈道

3. 金龙湖景区

金龙湖景区是徐州经济开发区绿地景观格局的核心，以金龙湖为中心建设而成，占地面积62hm²，其中水体面积25.33hm²。景区结合徐州龙文化的地方文脉，将湖体形状抽象为龙头形状，湖岸线圆润流畅，同时通过生态化、人性化、活力化、时尚化设计打造新时代富有浓郁地方特色的现代开发区景观，营造开发区生态、创新、充满活力的现代化城区形象（图3.1-100）。

金龙湖景区由六大区域组成，每一区域都突出了不同特色的景观主体。南入口独具匠心设计成步步高三道中国红颜色的景观门，门柱上镶嵌的精美汉白玉浮雕，展示的是中国古代的"二十四孝"传说，传承"百善孝为先"的中华美德（图3.1-101、图3.1-102）。1.2hm²的下沉式圆形多功能广场，落差1.5m，景墙以不同乐舞场景汉白玉浮雕为主景，莲花水波纹为衬景，体现深厚的历史文化积淀。多功能广场不仅能满足各种演出、聚会、展

图3.1–100 金龙湖景区全景

图3.1–101 金龙湖景区南入口

图3.1–102 金龙湖景区"孝门"

示等活动的功能要求，更是游客和市民健身休憩的好场所。

如意岛位于金龙湖南湖，处于主轴线上，是宽阔湖面的视觉焦点。岛中心有一木亭隐于浓郁的苍翠之中，需划船才能到达，犹如幽静、惬意的世外桃源。鹿堤位于金龙湖西南岸处，通过九曲木栈桥与石拱桥连接两岸，堤上植物搭配色彩丰富，名贵树种繁多，幽静雅致，与如意岛遥相呼应，丰富湖面景观层次。由鹿堤分割出的一片静水，取名"邀月"。明月当空时，池中映月，柳杨垂畔，近处小桥可人，远处烟波浩渺，令人舒心宽怀（图3.1–103）。

湖北岸突出明珠文化科技广场主体，总面积7100m²，位于科研大楼建筑中轴线上，与楼前广场形成对景。湖西岸以1.7hm²四季翠绿的大草坪为主体，让休闲度假的游客醉心在一片洁净的绿色之中（图3.1–104、图3.1–105）。

湖南岸为济胜湿地公园，园内生态林总面积2.3hm²，四周以自然微地形环绕，中部为自然湿地水域。区内植物多样、群落种植，金鸡菊、波斯菊、大滨菊等片植的美丽花卉在

图3.1–103　金龙湖景区如意岛，邀月池

图3.1–104　金龙湖景区明珠广场

微风中摇曳，营造生机勃勃的公园景观。每年春季郁金香争相开放，品种丰富，是景区的又一亮点（图3.1–106）。

四季景园中的春意园位于环湖绿带的东北侧，以表现春季景观为主，植物配置以春季观花、观叶的植物为主，如樱花、桃花、杏花、梅花、迎春花、海棠、玉兰等，结合夏秋冬季的植物，形成春季为主，四季有景的景观效果；夏园位于湖区的西南侧，包括竹园、玫瑰园、演艺广场等在内，配置以夏季观花、观叶、遮阴的植物，如紫薇、荷花、睡莲、芡实等，形成丰富的夏季景观；秋韵园位于湖区的西北，以秋季观叶、观果的乔灌木为主，如乌桕、三角枫、槭树等，秋高气爽之时，呈现一派硕果累累的金秋盛景；冬园位于场地的东南侧，以松柏类、竹类植物为背景，衬托蜡梅、奇石，寓意岁寒三友，形成美轮美奂的冬季景观（图3.1–107）。

图3.1-105　金龙湖景区九曲桥　　　　　　　图3.1-106　金龙湖景区湿地

图3.1-107　金龙湖景区丰富的植物景观

4. 九龙湖公园

　　九龙湖公园位于鼓楼区，原为内港，是从徐运新河至徐州北区运送煤炭、黄沙的中转站，因无新鲜水源供给，水面污染严重，煤、沙堆放，周围环境脏乱不堪。为彻底改变区域环境，同时解决市区北部缺乏公园绿地的问题，于2005年实施了"退港还湖"工程，拆除规划范围内居民及企业危旧房屋约3.4hm²，对湖区进行彻底清淤后，再加护砌，改善了水体水质，在此基础上进行了公园景区景点建设，2010年又实施了敞园改造。改造后的九龙湖公园总面积16.3hm²，其中水体面积7hm²，以"广场化、现代化、时尚化"为特色，是集城市景观广场、市民休闲和文化娱乐为一体的北区标志性公园（图3.1-108）。

　　公园分为生态游园、栈桥体验、主体广场和康体活动四个区域，每个功能区内又细化分出若干小空间，为人们提供多元化的活动和休闲场所。湖面四周还增加了多处亲水平台、休闲广场和木质栈道，满足游人亲水需求。为突出"城市绿肺"的功能，公园在植物种植设计时突出了植物群落组合，种植了80多种，900多棵大型乔木。园内各植物群落依其习性、特点交错分布，相互映衬，形成"移步换景"的效果（图3.1–109）。

图3.1–108　九龙湖公园全景

滨水步道

树阵广场

植物配置

滨水景观

图3.1–109　九龙湖公园局部景观

5. 娇山湖景区

娇山湖景区位于铜山区珠江路、凤凰山以南、银山路以西、华山路以东、以北的区域，这里北靠凤凰山脉，龙泉、凤泉两河穿过，山水天全。景区以娇山湖为中心建设而成，娇山湖原是焦山脚下焦山水库，主要功能为防洪排涝和浇水灌溉，景观单一。为恢复这里山水天全的景观格局，在满足防洪设防要求的前提下，2011年利用水库扩容的契机，建设湿地公园，同时依托泄洪河，打造新区水体景观。景区在规划中，取"江山如此多娇"之意，将景区定名"娇山湖"。"焦"变"娇"，一字之异，境界全出。"江山如此多娇"，既是梦想和目标，又满含着改天换地的执政自觉和人本情怀（图3.1-110）。

图3.1-110　娇山湖景区山水相连

娇山湖景区规划建设中注重与周边自然山水之间的联系，形成合理的山水格局；作为城市开放空间，充分考虑了市民文化、休闲、观光等绿色公共开放空间功能，作为城市文化载体，探索并形成公园自身的文化表达定位。与云龙湖"辽阔大气"不同，娇山湖景区走的是精巧秀美的"小家碧玉"路线，打造"精巧秀美"，朴素、低调、特色鲜明的景观。公园规划布局有中心湖区、入口集散区、湿地生态区、文化展示区、公共活动区等六大功能区，主要景点有灵璧在天、清芬九泽、潜龙映凤、蟠栖林焦等。放眼娇山湖景区，湖光潋滟，山的远近高低与湖的大小比例协调，相互映衬，映凤台、劝学台、观景台、茶社、码头，各类建筑或大气雄浑或明丽风雅，山体的颜色、植被的颜色、建筑的形制和颜色与湖水的颜色搭配自然，浑然天成，呈现出阳光、现代、疏阔、明朗、俊秀的艺术特色，让人心旷神怡、流连忘返（图3.1-111~图3.1-114）。

图3.1-111　娇山湖景区滨水游步道

图3.1-112　娇山湖景区湿地

图3.1-113　娇山湖景区劝学台

图3.1-114　娇山湖景区映凤台

3.2 楚风汉韵，厚重清越

"自古彭城列九州，云龙遗迹几千秋。绿林烟锁黄茅岗，红杏香渺燕子楼。戏马台前生细细，云龙山上乐悠悠。当年楚宫今何在，惟见黄河水东流。"徐州既是汉高祖刘邦的故乡，也是项羽故都，灿烂的楚汉文化发祥于此，经过2000多年不断的丰富和发展，重情重义，粗犷豪迈，淳朴大方，大气恢宏的楚汉风韵和博大精深的文化渊源，在徐州众多的城市绿地景观中得以体现，哺育和展现了古老徐州的地域文化，呈现出鲜明独特的地域特色。

3.2.1　汉文化景区——"一勺则江河万里"的大汉气象

徐州汉文化景区由原狮子山楚王陵和汉兵马俑博物馆整合扩建而成，东起三环路，南至陇海线，西接京沪线，北迄骆驼山，总占地面积93.4hm^2，是以汉文化为特色的全国最大的主题公园，囊括了被称为"汉代三绝"的汉墓、汉兵马俑和汉画像石，集中展现了两汉文化精髓，它是徐州区域内规模最大、内涵最丰富、两汉遗风最浓郁，集历史博览、园林景观、旅游休闲于一体的汉文化保护基地，是徐州"汉文化"的集中展示地（图3.2-1）。

汉文化景区秉承汉文化精髓，以徐州汉代历史为背景，通过多样的造景手法，展现"庄重、粗犷、恢宏、大气"的"大汉气象"。景区由核心区和外延区两部分构成，核心区由狮子山楚王陵、汉兵马俑博物馆、汉文化交流中心（展示汉化像石艺术）、刘氏宗祠、竹林寺、羊鬼山展亭（王后陵）、水下兵马俑博物馆等两汉文化精髓景点组成；外延区包括汉文化广场、市民休闲广场、棋茶园、考古模拟基地、汉风园等景点，整个景区"有俑有陵有汉画、有山有水有古刹"，呈现为一部立体的汉代史（图3.2-2～图3.2-7）。

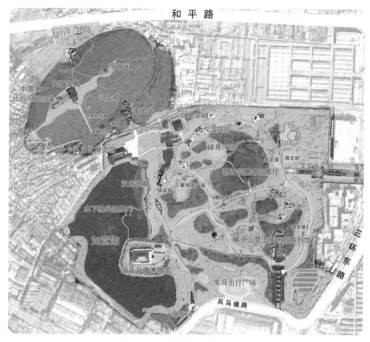

图3.2-1 汉文化景区平面图

图3.2-2 汉文化广场

图3.2-3 楚王陵

图3.2-4 刘氏宗祠

图3.2-5 水下兵马俑馆

图3.2-6 汉文化交流中心

图3.2-7 汉风园

汉文化广场东西长约280m，南北宽约90m，采取规整庄严的中轴对称格局，以东西为空间走向，依次布置了入口广场、司南、两汉大事年表、历史文化展廊、辟雍广场等景点，终点矗立汉高祖刘邦的铜铸雕像，构成完整的空间序列，犹如一段立体空间化的汉赋，通过"起""承""转""合"四个章节，抑扬顿挫、弛张有度，将汉风古韵自然呈现出来。

狮子山楚王陵处于汉文化景区的核心区，是西汉早期分封在徐州的第三代楚王刘戊的陵墓。该陵墓"因山为陵，凿石为藏"，结构奇特，是一座罕见的特大型西汉诸侯王崖洞墓葬，也是徐州地区规模最大、文物遗存最多、历史价值最高的西汉王陵，被评为1995中国十大考古新发现之首、中国20世纪100项考古大发现之一。

徐州汉兵马俑是继西安秦兵马俑后的又一重大发现。作为楚王的陪葬品，4000多件汉俑用写意的手法，将汉代军旅中士兵们的思想、神态和情感惟妙惟肖地刻画出来，具有很高的艺术欣赏价值。徐州汉兵马俑博物馆是在原址上就地建馆，占地面积6000m²，由汉兵马俑新馆和水下兵马俑博物馆两部分组成。汉兵马俑新馆为局部两层建筑，设计借鉴汉代建筑风格，充分体现了汉代建筑古朴稳重、恢宏大气的神韵。汉兵马俑馆北侧100米（狮子潭内）新建有目前国内唯一的水下兵马俑博物馆，该馆为两个方形槟斗状建筑，借鉴汉代屋顶建筑形式，呈四坡面，展出了复原的俑坑和精心修复的兵马俑。

汉文化交流中心为一座巧妙建造在狮子潭水面上的干栏式建筑，依山傍水，与周围自然环境完全融合为一体。整座建筑借鉴汉代建筑的神韵，到处可见汉文化符号，又极富现代气息，主要展示了东汉时期比较兴盛的汉画像石艺术，成为一个中外文化艺术交流的场所。

3.2.2 龟山汉墓景区——雄浑恣肆的千古雄风

龟山汉墓是西汉第六代楚襄王刘注的夫妻合葬墓，工程浩大，建筑雄伟、奇巧，洋溢着雄浑恣肆的楚汉雄风，充分体现了汉代粗犷豪放、大朴不雕的美学风格，被誉为"中华一绝"、"千古奇观"，是全国重点文物保护单位，中国20世纪百项考古大发现之一，被列为"十一五"期间100处国家重点大遗址保护专项。龟山汉墓景区位于鼓楼区九里山以北，占地面积22hm²，以汉墓为景观主线，通过充分挖掘汉代墓葬文化和龟山汉墓自身特点，将景点梳理整合，划分为汉墓核心景观区、圣旨博物馆区、石雕艺术馆区、珍珠潭景观区、龟山探梅景观区五大景区。景区各景点均围绕龟山汉墓展开，如铜熏台以出土的铜熏为原型塑造，珍珠潭以"素衣龟精坐化成山"的美好传说为背景，旱溪也是依山就势在原有沟渠基础上改造而成，处处体现出了"龟山特色"和墓葬文化，成为徐州汉文化的又一集中展示区（图3.2-8～图3.2-13）。

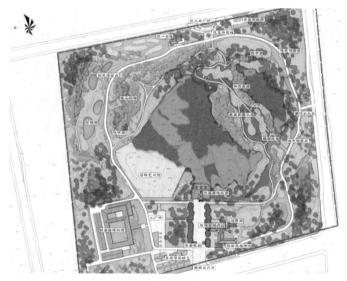

图3.2-8 龟山汉墓景区平面图

图3.2-9 龟山汉墓景区全景图

图3.2-10 龟山汉墓

图3.2-11 圣旨博物馆

图3.2-12 龟山汉墓景区珍珠潭

图3.2-13 龟山探梅园

3.2.3 戏马台公园——"拔山盖世"的霸业气概

戏马台位于徐州市中心区户部山最高处，因西楚霸王项羽"因山为台，以观戏马"而得名。有着两千多年历史的戏马台，重修后是一个仿造清官式建筑式样重建的仿古建筑群，结构严谨，布局匀称，错落有致，沉雄庄重。迈过百步青阶，穿过门楼式山门，戏马台的雄姿便尽收眼底：风云阁玉立中轴，占尽风情；霸业雄风鼎迎面而竖，摄人心魄；隔断墙上，"拔山盖世"四字赫然（图3.2-14~图3.2-19）。

戏马台分为四个游览区，前区分"楚室生春""秋风戏马"两组宏伟的仿古皇家建筑群，东院内有一新塑的项羽石雕像，按剑怒眉，英气勃勃；后区依山就势逐步递进，错落有致，设计为百米长廊，长廊以古今咏台诗词、古今书法大家笔迹勒石镶壁，外围有明清古民居建筑群，西侧为新开发近2000m²的绿化带。景区内遍植名木异卉，更有霸业雄风鼎、重九台、乌骓槽、系马桩、项王武库、人杰鬼雄石等诸景点缀其间，成为徐州市楚汉文化中杰出的代表。

3.2.4 楚园——浪漫、奔放的楚情楚韵

楚园位于徐州城北，东临襄王南路，占地面积42.3hm²，是以项羽和彭城西楚文化为主题的文化公园。公园以浪漫、自由、奔放的楚文化为内蕴，打造"一湖一岛二环三桥五广场"。一湖指原玉潭湖，现更名为虞渊，位于楚园中心，凭湖远眺，依稀可见金鼎屿。沿湖的亲水

图3.2-14　戏马台公园全景

图3.2-15　戏马台公园霸业雄风鼎

图3.2-16　戏马台公园山门

图3.2-17　戏马台公园楚室生春院

图3.2-18　戏马台公园怀古台

图3.2-19　戏马台公园秋风戏马院

步道和4米宽的环湖主园路合称为"二环"；青萍桥、锦衣桥、东归桥为"三桥"；另有5个亲水广场，分别是鸿门广场、春华广场、巨鹿广场、秋思广场和人杰广场。公园共有南北两大主入口区，其中，紧邻汉城未央宫的南广场也称为战神广场，以虞美人花为主，环绕广场建成浪漫花景，表达美人伴英雄的意境；战神广场与丁万河景观桥形成"凤舞九天"的造型，西侧有三把插入土中的霸王剑，营造战神广场的气氛。"拔山力尽霸图隳，倚剑空歌不逝骓。明月满营天似水，那堪回首别虞姬。"漫步楚园，每个区域都呈现浓厚且不同的西楚文化意涵，沿途可看到刻着诗人咏楚诗句的楚文化石雕、形似祥云的楚文化符号坐凳、古代兵器"戈"形的路灯以及白墙青瓦的仿古建筑，营造出浓浓的楚文化氛围（图3.2-20～图3.2-25）。

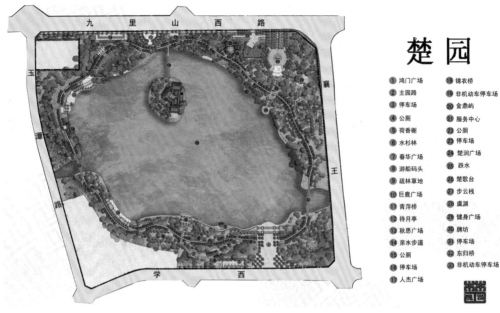

楚 园

① 鸿门广场　⑱ 锦衣桥
② 主园路　　⑲ 非机动车停车场
③ 停车场　　⑳ 金鼎屿
④ 公厕　　　㉑ 服务中心
⑤ 荷香榭　　㉒ 公厕
⑥ 水杉林　　㉓ 停车场
⑦ 春华广场　㉔ 楚润广场
⑧ 游船码头　㉕ 跌水
⑨ 疏林草地　㉖ 楚歌台
⑩ 巨鹿广场　㉗ 步云栈
⑪ 青萍桥　　㉘ 虞渊
⑫ 待月亭　　㉙ 健身广场
⑬ 秋思广场　㉚ 牌坊
⑭ 亲水步道　㉛ 停车场
⑮ 公厕　　　㉜ 东归桥
⑯ 停车场　　㉝ 非机动车停车场
⑰ 人杰广场

图3.2-20　楚园平面图

图3.2-21　楚园全景图

图3.2-22　楚园鸿门广场

图3.2-23　楚园霸王别姬雕塑

图3.2-24　楚园锦衣桥

图3.2-25　楚园金鼎屿建筑景观

 "城市之废"变"城市之肺"的特色风貌区

作为江苏省的老工业基地，徐州资源、能源开发强度大，在为全省乃至全国的经济社会发展做出重要贡献的同时，也付出了巨大的生态代价。至2005年，仅城市规划区范围内就遗留有采煤塌陷地16000hm²、石质荒山8300hm²，采石宕口253.3hm²，矿区土地塌陷，山体破碎、满目疮痍。"煤城""灰色""一城煤灰半城土"成为徐州在世人脑海中的印记，遮隐了这座山水城市的熠熠光辉。

在城市绿地景观建设中，徐州市本着变"城市伤疤"为"城市绿肺"的目标，科学规划，对6432hm²采煤塌陷地、金龙湖宕口、龟山、九里山等42处采石宕口，本着"宜水则水、宜农则农、宜林则林，宜园则园"的原则进行生态修复，建成了潘安湖国家湿地公园、九里湖国家湿地公园、金龙湖宕口公园等一批具有徐州特色的生态修复景观，不仅修复了被破坏的生态环境，而且对改善城市绿地景观格局、丰富城市绿地景观起到重要作用，这些景观也成为徐州城市生态建设的靓丽名片。

3.3.1　采煤塌陷地生态修复景观区

徐州市采煤塌陷地主要集中在城市北部，以2007年九里湖的生态修复为起点，至2014年，市区采煤塌陷地已完成生态修复6432hm²，生态修复率达82.5%。

1. 潘安湖生态修复区

潘安湖生态修复区地处徐州主城区与贾汪城区之中间，是全市塌陷最严重、面积最集中的采煤塌陷区，区内积水面积240hm²，平均深度4m以上。长期以来该区域坑塘遍布，荒草丛生，生态环境恶劣，又因村庄塌陷，造成当地农民无法耕种和居住，形成了沉重的历史包袱（图3.3-1）。为加快采煤塌陷区的整治和生态修复，贾汪区政府于2010年在此实施了江苏省首个单位投资最大的土地治理项目——"基本农田整理、采煤塌陷地复垦、生态环境修复、湿地景观开发"四位一体的潘安湖采煤塌陷区生态修复工程，工程总规划面积52.87km²，其中核心区面积15.98km²，外围控制面积36.89km²，工程力求在生态修复的基础上，形成集湿地自然生态景观和农耕、民俗文化特色景观于一体的特大型城市湿地公园。经过4年多的建设，潘安湖湿地公园一期、二期工程顺利完工，昔日的采煤塌陷区，如今绿树成荫，湖岛相依，鸟语花香，在丰富区域生物多样性、促进区域生态系统稳定等方面发挥了重要作用，被称为"采煤塌陷区生态修复的典范"。2017年12月12日，习近平总书记视察潘安湖湿地公园时强调，塌陷区要坚持走符合国情的转型发展之路，打造绿水青山，并把绿水青山变成金山银山。

图3.3-1　潘安湖采煤塌陷地修复前景观

潘安湖湿地公园的总体格局，首先根据土地的塌陷、沉降情况，水系的沟通整治需要，构造出19个大小岛屿，形成丰富的湿地和岛屿地貌空间。以此为基础，根据公园建设目标，合理布置各功能片区，整体形成"五大区、十二小区"的功能布局。其中，生态旅游休闲区位于全园北部，由农耕体验区、生态休闲区两部分组成，结合现状农田景观，开展农耕体验、生态休闲等；湿地核心景观区位于全园中部，由入口服务区、湿地生态保育区、湿地民俗游乐区、湿地生态观光区及潘安文化创意产业园五个部分组成，结合湿地自然风光、民俗文化，充分利用水域、岛屿、植被及文化特征，开展生态观光、科普教育、民俗体验等；旅游度假区位于全园南部，由生态水上游乐园及生态度假区两部分组成，该区充分利用开阔水域开展各类娱乐运动项目，着力打造潘安湖水上娱乐等品牌；生态度假区融合湿地景观特色、滨水特色打造生态环境优美的度假区；西部风情区依托马庄村民俗文化背景，以展现马庄的农民乐团和特色民俗文化及产业为特色，成为中外乡村民俗文化交流的中心（图3.3-2～图3.3-7）。

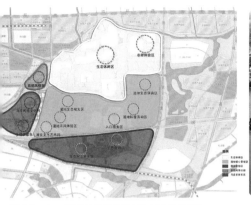

图3.3-2 潘安湖湿地公园功能分区图

图3.3-3 潘安湖湿地公园全景

图3.3-4 潘安湖湿地公园主岛"四季"组景

图3.3-5 潘安湖湿地公园植物景观

图3.3-6　潘安古镇

图3.3-7　潘安湖湿地公园西部风情区

2. 九里湖生态修复区

九里湖生态修复区位于主城区西北部，原为庞庄煤矿、拾屯煤矿和王庄煤矿的开采区，至2007年，塌陷面积达到31.2km²，致使良田废弃、民房开裂、交通中断，环境恶劣（图3.3-8）。为改善采煤塌陷区群众的生产生活条件，提升城市生态环境，2007年在此实施了九里湖湿地公园一期建设工程。2009年1月，在中德两国总理的共同见证下，江苏省人民政府与北威州政府共同签署了共建徐州生态示范区的框架协议，2010年3月，时任徐州市长张敬华先生率团访德，在埃森市和达姆施塔特市举办中德共建徐州生态示范区项目合作推进会，"中德中心"组织编制了《中德合作徐州城北矿区塌陷地生态修复示范区项目建议书》。2012年9月，北威州经济部部长加莱特·杜因率领经贸科技代表团一行30余人访徐，双方共同签署了《中德合作开展中国徐州老工业基地土地综合利用技术合作框架协议》，由此推进了九里湖采煤塌陷区的生态修复治理和湿地公园建设进程。2013年，经过修复治理建成的九里湖湿地公园被命名为"国家湿地公园"，2016年再次实施了生态与景观提升改造。

九里湖国家湿地公园以湿地的自然生态特征和地域景观特色为基础，最大限度地保留了原生湿地的生态特征和自然风貌，是展示煤炭工业文化、进行生态修复和湿地科学教育及游客游憩休闲的重要场所，也是徐州西北部重要的城市绿肺。公园总面积250.62hm²，包括湿地保育区、恢复重建区、宣教展示区、合理利用区和管理服务区。公园生物多样性丰富，现有维管束植物69科166属206种，其中双子叶植物50科122属153

种，单子叶植物14科38属44种，裸子植物2科3属4种，蕨类植物3科3属5种；动物资源中共有鱼类37种，两栖爬行类10种，鸟类132种，哺乳类12种（图3.3-9、图3.3-10）。

九里湖生态湿地公园的建成，改变了徐州市园林绿地"南多北少"的分布格局，形成"南有云龙山、云龙湖，北有九里山、九里湖"的山水格局，对于改善徐州市西区北部的生态环境，打造徐州城区北侧生态屏障，提高区域环境容量，优化城市绿地景观格局，促进城市与自然和谐发展起到重要作用。

九里湖国家湿地公园的科普宣教体系在华东乃至全国范围内具有鲜明的特色，主要包括湿地科普馆、室外宣教区和科普活动区。湿地科普馆共分为上下两层，总面积700m²，馆内设湿地总览厅、湿地生物认知厅、湿地演替阶梯、湿地演播室、湿地图书馆、采煤塌陷宣教区等功能区，通过图片资料、实景塑造、多媒体技术等形式生动地展现了丰富的煤炭工业文化和九里湖湿地公园自采煤塌陷地恢复而来的历程。

图3.3-8　九里湖采煤塌陷地修复前景观

图3.3-9　生态修复后的九里湖国家湿地公园全景

图3.3-10　九里湖国家湿地公园景观

3.3.2　废弃采石场生态修复区

徐州市区长期开山采石形成的106个废弃矿山宕口，危岩耸立，乱石嶙峋，满目疮痍，不仅景观极差，而且地质灾害时有发生，安全隐患极大。为消除安全隐患，改善城市景观，恢复山体生态，从2007年起组织实施了市区两山口、东珠山、鸡毛山、龙山、雷鼓山、虎山、石鼓山等一批露采矿山废弃地的生态修复，截至2014年，共完成42处宕口生态修复，生态修复率39.6%。

两山口（王山）位于迎宾大道西南侧，是市区向东南方向的主要出入通道，其景观对打造徐州城市风貌具有重要影响。作为徐州市最早实施的露采矿山废弃地生态恢复工程，王山生态修复工程于2013年开始实施。生态修复中根据采空区地貌，采取生态复绿与摩崖石刻相结合的生态和景观修复方法，对遗留的大型垂直岩壁，修整后摩崖石刻，其它区域综合运用削、垫、支、挡和挂网喷播等技术方法，进行生态复绿。摩崖石刻的内容选用汉画像石中的"车马出行图"，与迎宾大道相对应（图3.3-11）。

图3.3-11　两山口（王山）生态修复后景观

金龙湖宕口遗址位于徐州经济开发区的核心，原为采石场，总面积约34hm²，长期采石导致山体岩石破碎，危崖乱石裸露，植被荡然无存，冬季和干旱季节在大风作用下沙尘影响较大，夏季雨水季节常发生水土流失，严重影响着经济开发区的景观与形象（图3.3-12）。对金龙湖宕口进行生态修复综合治理，有利于改善经济开发区的生态环境，推动区域资源的协调和可持续利用。

图3.3-12　金龙湖宕口修复前卫星影像　　　　图3.3-13　金龙湖宕口修复后景观

金龙湖宕口生态修复综合整治工程以"修复生态、覆绿留景、凝练文化"为理念，以"恢复区域生态环境，保留必要的采矿遗迹，打造新的矿山遗址景观和科普教育基地"为目标，通过清理危石、覆土栽植、引水进山等措施，形成一个循环、生态、稳定的生态系统，成功地打造出一个显山露水、山清水秀的金龙湖宕口公园，被国家、省国土资源局誉为国内城市矿山治理的典范（图3.3-13）。

"修复生态"即通过清理危岩、覆土、栽植、引水进山等措施，将被破坏的生态进行修复，营造丰富的植物群落，形成良性循环的生态系统；"覆绿留景"即充分发挥生态的自然恢复能力，根据地形地貌，有选择地覆盖部分岩石并挂网喷播，形成绿色屏障，同时保证有观赏价值的山石裸露留景；"凝练文化"即保留过去开矿时垒砌的石墙等遗迹，巧于因借，打造"虽由人作、宛自天开"的融山体地域魅力与人文气质的大地艺术景观。

金龙湖宕口生态修复综合整治工程分两期实施。一期工程位于北坡，治理面积约12hm²，建有日潭、月潭、瀑布、山间云梯、峰回路转等景观节点；二期工程位于南坡，治理面积约22hm²，分为城市形象展示区、城市文化娱乐休闲区、特色山体风貌体验区、微型湿地体验区和山林自然活动区等景观功能区，建设有朗星湖、石林听涛、唱竹揽翠等景观节点。

入口广场：采用生态、内敛的入口形式，以自然简约的4片景墙与树形优美的大树、各种层次的灌木球及灌木色带、色彩丰富的四季草花相结合，把游人的视线引入宕口公园内（图3.3-14）。

两潭两岛："两潭"即"日潭""月潭"，是将金龙湖的水引入以后，在宕底东西两侧各形成一潭，形如日、月相照。结合两潭形状，在月潭中设立半月状半岛，在日潭中设立朝日状离岛，由此形成"两岛"景观（图3.3-15）。

图3.3-14　公园入口　　　　　　　　　　　　　图3.3-15　两潭两岛

瀑布：利用宕口内最大的向外凸出的垂壁区，设计成一级挂落、二级流淌的组合式瀑布，使裸露的宕面变成流动的水墙，涛声阵阵，增添了无限生机（图3.3-16）。

观止：绿树掩映的小山门，有机的融入了宕口公园的环境，建筑形式相对简洁。石雕山门上书"观止"二字，引用《左传》中的"观止矣！若有他乐，吾不敢请已"（图3.3-17）。

云梯：云梯须缓行，观景停折看。折线式的"云梯"依岩壁而走，掩映于高矮不同的树木丛中，游客拾级而上到达山顶，既可以保护园区生态环境又能增加游客的游园兴趣（图3.3-18）。

彩虹桥：在峡谷两侧的两座悬而陡的宕口顶部，设置"彩虹桥"连接两侧山体景点。晴日阳光照射峡谷，彩虹高挂空中，瀑布倾流而下，美不胜收，宛若仙境（图3.3-19）。

朗星湖：是观赏性景观水系亦是雨洪管理系统的组成部分。在东侧宕口区设置雨水收集池，收集并净化山体和场地的径流和雨水，同时结合台地种植设计营造湿生植物塘，延长水体流经的路线同时净化山体径流，然后跌落到雨水收集池中，进一步净化水体（图3.3-20）。

图3.3-16　瀑布　　　　　　　　　　　　　　　　图3.3-17　观止

图3.3-18　云梯　　　　　　　　　　　图3.3-19　彩虹桥

图3.3-20　朗星湖　　　　　　　　　　图3.3-21　石林听涛

石林听涛：以蜿蜒的木质"锦带"小路贯穿景区，造型植物、景观石及色彩丰富的灌木穿插其中，给游人带来不一样的景观体验，游人走走停停，近赏眼前美景，远眺珠山之景，一园尽收两家春色（图3.3-21）。

唱竹揽翠：以竹为主题，丛植竹林，即可揽丛林之翠绿，也可听竹叶沙沙，满园的生机勃勃。园中以粉墙黛色衬托竹之青翠挺拔，为竹林添了诗情画意，以景墙框景，框进的是画，露出的是诗（图3.3-22）。

彩径观花：以柔软的线条勾勒道路和草地，极尽花之细腻。花径与小路在大地自然地流淌，步移景异，五彩缤纷。四季草花颜色绚丽，石材铺装简单古朴，交相掩映，体现四季变换（图3.3-23）。

秀谷韵乐：平坦的地形方便游客出行活动，周边的特色景墙进行了蜿蜒高低处理，增加景观层次的基础上亦是孩子们玩耍锻炼的绝佳场地，体现谷地风情的同时可作为座凳或游步道，生动活泼（图3.3-24）。

图3.3-22　唱竹揽翠　　　　　图3.3-23　彩径观花　　　　　图3.3-24　秀谷韵乐

"一核多心、点面均布"的公园绿地景观

　　徐州市公园绿地建设中，坚持贯彻以民为本的理念，按照市民出行500m（步行10分钟）就有一块5000m²以上的公园绿地的目标，结合棚户区、城中村改造，进行城市空间梳理，重点布局老城区绿化薄弱地区的公园建设，形成"以云龙湖风景区为核，多个大型综合公园为心，众多游园均匀分布"的公园绿地体系，基本实现了居民出门见绿，百步进园，生态文明成果人人共享的目标。

　　城市历史和文脉是城市的生命力和魅力所在，是建设和谐统一的城市风貌的灵魂。徐州是彭祖故国，刘邦故里，项羽故都，这座城市不但山清水秀、风景迷人，而且历史久远、文化厚重。徐州市公园绿地建设中，紧紧抓住山水文化和城市历史文脉要素，按照"一园一特色"的要求，将挖掘历史文化内涵与园林景点特色结合起来，先后建成了以"战争文化"为主题的淮海战役烈士纪念塔公园、以"彭祖文化"为主题的彭祖园、以"山水文化和仁义文化"为主题的云龙公园、以丰县籍道教创始人张道陵仙路历程为主题的珠山道教文化景区、以弘扬城市"好人精神"为主题的好人园、以"劝学励志"为主题的奎山公园、以"山水文化"为主题的无名山公园等及一批各具特色的游园、广场。

3.4.1　以"战争文化"为主题的淮海战役烈士纪念塔

　　淮海战役烈士纪念塔公园是徐州唯一的由国务院决定兴建的大型纪念性园林，位于凤凰山东麓，1960年4月5日奠基，1965年10月建成，11月6日（淮海战役发起17周年纪念日）正式对外开放，主要有淮海战役烈士纪念塔、淮海战役纪念馆旧馆、淮海战役纪念馆新馆、淮海战役总前委群雕、淮海战役碑林、国防园、粟裕将军骨灰撒放处纪念碑等人文景点与青年湖等自然景观，整个公园规模宏大，气势壮观，风光秀美。淮海战役烈士纪念塔是一座具有我国传统碑式的花岗石建筑，正面朝东，上面有毛泽东主席题写的"淮海战役烈士纪念塔"九个鎏金大字，塔上端雕刻有塔徽——五角星和两支相交叉的步枪，象征着二野和三野两支参战部队的亲密团结；松枝绸带低低下垂，象征着人民群众对烈士的深切悼念和哀思。塔背后的碑文共760字，记述了这次战役的光辉历程和战绩，塔座四周贴有著名雕塑家刘开渠创作的大型浮雕，生动地刻画出人民解放军作战的英勇气概和广大民工支前的无畏精神。淮海战役纪念馆通过图片、实物、模型、浮雕、蜡像及声、光、电多媒体技术突出表现淮海战役规模宏大、战场辽阔、战斗激烈、人民支前规模空前等特点，观众身临其境，直观感受到淮海战役波澜壮阔的战争场景。淮塔公园中植物多采用常绿针叶树种，植物布局多对称式，营造威严、庄重之感（图3.4-1～图3.4-4）。

图3.4-1 淮海战役烈士纪念塔

图3.4-2 淮海战役碑林

图3.4-3 淮海战役总前委群雕

图3.4-4 淮海战役纪念馆新馆

3.4.2 以"彭祖文化"为主题的彭祖园

彭祖姓籛名铿，一作彭铿，陆终第三子。《庄子》成玄英疏："尧封于彭城，其道可祖，故谓之彭祖。"彭祖在历史上影响很大。《庄子·刻意》把他作为导引养生之人的代表人物。屈原《楚辞·天问》有"彭铿斟雉，帝何飨？受寿永多，夫何久长？"的记载。籛铿的到来，将先进的黄河农耕文明带到"东夷"，带领民众筑城掘井，治理洪水，发展生产；教导民众锻炼身体，增强体质；创新烹调术，将人类饮食由熟食推向味食，完成了人类饮食文化的一次飞跃。彭祖在历史上影响很大，孔子对他推崇备至，庄子、荀子、吕不韦等先秦思想家都有关于彭祖的言论，道家更把彭祖奉为先驱和奠基人之一，许多道家典籍保存着彭祖养生遗论，彭祖养生、餐饮文化等一直流传至今。

彭祖园以弘扬彭祖文化为中心，分为三大区域：中部区域，布置以祭拜广场为中心的彭祖养生文化区，建设福寿广场和寿山石碑坊、祭拜广场、彭祖祠、大彭阁、彭祖像广场等景点；南部布置动物园、儿童乐园等；北部以名人馆为中心，彰显徐州的名人文化（图3.4-5）。

图3.4-5　彭祖园全景

"大彭氏国"牌坊：位于东门福寿广场入口处，石坊六柱五楼，上雕十狮两龙，构成了石坊奔放有力的韵律，雄伟壮观，与嘉联匾额共同述说着大彭国的远古文明（图3.4-6）。

福寿广场：位于彭祖园东门，面积3500m²。广场上有巨幅"福""寿"石刻。每字各长2.86m、宽2.22m，皆以单块青石雕刻而成，拾级而上，在"福""寿"石刻上面有两幅直径1.60m的石雕图案，一幅为"五福捧寿图"，另一幅是"双福"图。在"福""寿"石刻和"五福捧寿""双福"图之间，还有104块字形各异的"福""寿"刻石组成的小方阵，其字体大小一致，字型却各不相同，是"福""寿"两字字形的集中展示。一股清泉从"五福捧寿""双福"图间涓涓流出，贯通百福百寿刻石方阵，直达广场上的"福"、"寿"石刻（图3.4-7）。

图3.4-6 彭祖园大彭氏国牌坊

图3.4-7 彭祖园福寿广场

福山、寿山：位于彭祖园中部，为西南—东北走向的两座山头，北山名"福山"，南山名"寿山"。两山共有山林150余亩，林木茂盛，层次丰富，林冠线多姿多彩。山上分布有大彭阁、彭祖祠、彭祖祭拜广场等众多彭祖文化景点。

大彭阁：位于彭祖园寿山山顶，总高18m，建筑面积450m²，登阁鸟瞰，有"飞阁流丹，下临无地"之感，是彭祖园的标志性建筑之一。

彭祖祠：高11m，建筑面积218m²，白墙碧瓦，气势非凡。祠堂前是面积330m²的祭台，祭台中央有一尊鼎状的大铜香炉，炉中香火燎绕，祭拜者络绎不绝（图3.4-8）。

图3.4-8 彭祖祠

图3.4-9 彭祖祭拜广场

彭祖祭拜广场：广场为圆形，直径50m，广场周边栽植素有植物界活化石之称的银杏，象征着彭祖的思想和文化经过数千年的岁月，不仅没有被淹没在历史的长河中，反而不断的成长和发展，并辐射到五湖四海，充分体现了彭祖文化的生生不息和源远流长（图3.4-9）。

不老潭：位于福山西侧，数条山间小溪汇聚于此，水面清澈，波光粼粼，湖岸曲折有致，尺度宜人，形貌极为自然。一湖碧水生长着睡莲、蒲草等观赏植物，观鼎桥下常常聚集上千条红色锦鲤，绕着宝鼎，追逐游戏，"锦鲤闹鼎"。湖周虹桥、水榭等点缀其间，宛如仙境（图3.4-10）。

彭祖像：进西大门，过观鼎桥，一尊巨大的彭祖石像赫然而立。彭祖像总高6.2m，其中像身高4.6m，是目前国内彭祖石像中最高大宏伟的一尊。这尊彭祖石像身着巨幅披风，头部寿眉浓密修长，双目直视若有所思，颧骨略为凸起，连腮美髯飘洒，神情肃穆刚毅，道家束发打扮，既体现了上古氏族酋长含辛茹苦、矢志创业的强悍气质，又蕴含了古代哲人修养有素的道德风范（图3.4-11）。

徐州名人馆：徐州名人馆集中展示徐州本土的历史名人文化。该馆建筑面积3000m²，布展面积达2700m²。其主体建筑由形象大厅、序厅、古代史厅、近现代史厅、多媒体体验馆、行政办公区及VIP接待室等多个部分组成。整个展馆科技含量较高，使用了环幕影视、球体影视、魔幻影像、多点触摸、无线影像传输、场景再现、感应查询等多媒体技术，并设有大量互动体验性的展项，展陈方式动静结合，人物表现生动形象（图3.4-12）。

图3.4-10　彭祖园不老潭　　　　图3.4-11　彭祖像　　　　图3.4-12　徐州名人馆

3.4.3　以"山水文化和仁义文化"为主题的云龙公园

在先秦，"仁"往往被理解为与爱相关的情感，徐州自古多仁情，关盼盼与张愔的爱情故事、王陵之母舍身取义的壮举，曾引无数文人墨客万千感叹。

云龙公园，又名燕子楼公园，是徐州建成较早，规模较大的综合性公园，与云龙山，云龙湖并称为"三云"景观，是徐州市山水文化的重要组成部分。公园总体格局遵循"保留原有场地风貌，延续地域文化元素"的原则，北部为以王陵母墓、燕子楼为中心的历史文化景区，中心为南北两片人工湖，沿湖分布有滨水休闲区、特色植物观赏区等，东部分布有以盆景园为中心的中国胡琴艺术博物馆（图3.4-13、图3.4-14）。

图3.4-13　云龙公园全景

图3.4-14　云龙公园东门　　　　　　　　　　图3.4-15　王陵母墓

　　王陵母墓区坐落于公园东北角，墓中主人为汉初名臣王陵的母亲，为了支持儿子与项羽斗争，面对招降的使者，拔剑自刎，其高风亮节的品格被人传颂至今。景区除王陵母墓外，还有牌坊、墓碑等，三面景观墙上刻写王陵之母故事，图文并茂，墓周的绿化以箬竹为主，其节显著，叶子宽大，象征王陵之母的高风亮节（图3.4-15）。

　　燕子楼是徐州五大名楼之一，最早建于唐朝贞元年间，1986年重建，千余年来，燕子楼演绎了关盼盼、张愔的凄婉动人的爱情故事，唐朝诗人白居易、宋代文学家苏东坡、明代民族英雄文天祥等十几位历代著名文人，都曾经亲临燕子楼，并满含深情地写下动人诗篇，表达对关盼盼忠于爱情、独守空楼的敬重之意。唐景福二年，燕子楼毁于战火。此后屡建屡废，今燕子楼位于北湖临水半岛——知春岛之上（图3.4-16）。

图3.4-16　燕子楼的春夏秋冬

滨水休闲区由曲桥、观鱼池、亲水平台、木栈道、大草坪、音乐喷泉组成，其中的南湖大型音乐喷泉喷水高度可达57m，寓意公园五七年建园（图3.4-17）。假山半岛位于南湖东北岸，三面临水，故名半岛，假山周围遍栽翠竹，形成竹海，独具特色。

图3.4-17　云龙公园曲桥　　　　　　　图3.4-18　云龙公园木化石林景区

木化石林景区分布有100多株形成于侏罗纪的木化石，木化石分三个组团分布，每个组团均配以灌木、花草，木化石的冷峻与植物的娇柔形成鲜明对比，显示出大自然的巨变（图3.4-18）。

特色植物观赏区以自然、生态为主题，以20世纪50年代末到60年代初种植的参天大树为背景，增植了大量观赏性树种，形成了紫薇园、牡丹园、蜡梅园、海棠园等各类特色植物观赏区。

中国胡琴艺术博物馆为"园中园"，共有前庭、中庭、后庭，曲折的石板路贯穿其间，园内花木扶疏，簇拥的白墙灰瓦，古色古香，如诗如画。岸线蜿蜒的水池，灵秀的假山，与江南水乡特色建筑相映成趣，俨然一座淡雅的江南园林，移步换景，赏心悦目。

3.4.4　以"苏轼文化"为主题的黄楼公园、显红岛公园

苏轼知徐州于熙宁十年四月二十一日到任，元丰二年三月十日离任，任职24个月，这段时间是其政治生涯的高峰期，即林语堂所提的"黄楼时期"。苏轼知徐州期间，乐于与民交流，勤政爱民，带领民众建"黄楼"，修"苏堤"（今苏堤路），抗洪水；祈雨劝农，抗春旱；查石炭，利国铁；医病因，治军政；兴旅游，弘文化，深得民心。现黄楼公园由镇水铁牛、牌楼、黄楼和船坊等景点构成，其中黄楼高18m，是据明清年代仿宋式建筑重建，正檐下悬苏轼手书体"黄楼"二字的竖匾额，楼内竖立镌刻《黄楼赋》的石碑及其他名人诗赋碑文。黄楼整体宏伟壮观，稳重华贵（图3.4-19）。

显红岛公园，原为故泗水中一处由激流冲刷起的泥沙沉积而成的沙洲，苏轼知徐州时名中洲。公园建有安澜堂、亲水平台、木栈道、游船码头等园林景观和设施，景观建筑上有相关楹联，以纪念苏轼带领徐州军民抗洪时，苏姑舍身救民的壮举（图3.4-20）。

图3.4-19　黄楼公园

图3.4-20　显红岛公园全景

3.4.5　以"劝学励志"为主题的奎山公园

奎山公园坐落于徐州市南区，南邻淮海战役烈士纪念塔，因园中奎山而得名，曾经的"江北第一塔"奎山塔遗址就在这里。公园结合市区南部高等学校分布较多，文化教育氛围较浓，且对面就是淮海战役烈士纪念塔爱国主义教育基地等因素，把公园主题确定为"劝学、励志"，景区、景点均围绕此主题展开，主要景点有高风亭、状元桥、"开卷有益"、六艺广场、世界名校地雕、魁星点斗等，告诉人们"学海无涯，惟有勤苦学习，六艺归于一心，方能到达理想的彼岸"。在园林景观营造上，以原有地形、大树为依托，辅以微地形处理，突出植物造景，植物选取竹子寓意"虚心向上"，梅花寓意"梅花香自苦寒来"，雪松寓意"坚忍不拔"，并辅以其他树种，着力打造文化寓意深厚、生态自然的植物群落景观。

高风亭：采用我国南方古建筑制作工艺，木质结构，亭高约5m。"高风亭"寓意文人具备的"高风亮节"的高尚情怀，前有约70m²亲水平台，跌水假山采用莲花石砌筑，水中栽植荷花，寓意"小荷才露尖尖角，早有蜻蜓立上头"（图3.4-21）。

状元桥：采用我国典型石拱桥的施工技艺，桥两侧台阶各为九步，九在单数中为最大，寓意古人科举考试最高级别为状元，桥上镌刻"状元桥"三个字，笔迹出于我国宋代著名诗人苏东坡，桥两侧栏板雕刻有"琴、棋、书、画"图案，为古代文人应具有的四大才艺（图3.4-22）

图3.4-21　高风亭

图3.4-22　状元桥

师说六艺广场：占地300m²，中间布置"师说六艺"雕塑，雕塑以书卷造型作为背景墙，上镌刻古代儒家要求学生掌握的六种基本才能，前以六个合金的球代表"礼、乐、射、御、书、数"六种才能寓意六艺归于一心，将文化的延续性和回归性通过书卷和大小不等的球形结构艺术进行展现（图3.4-23）。

劝学励志广场：广场直径2m，中间为劝学台，中心为世界地图浮雕，周围以辐射方式排列世界前100位的著名大学，同时与大学校徽、校训及浮雕图案相组合，构成图文并茂的地景形式（图3.4-24）。

独占整头（魁星点斗）雕塑：位于高风亭边水池中，取"魁星点斗、独占整头"之意。雕塑以魁星手执朱笔，点斗回望的造型为主体，人物的中心前倾，而后摆的飘带将整体构图重心平衡且富于变化，构成了虚与实，松与紧，张与驰的形态对比，鳌鱼造型生动但不张扬（图3.4-25）。

开卷有益雕塑：位于主入口广场，用以勉励人们勤奋好学，多读书就会有收获。雕塑以场景化的形象，结合书简的造型，表现出通透的视觉效果（图3.4-26）。

图3.4-23　师说六艺广场

图3.4-24　劝学励志广场

图3.4-25　独占鳌头雕塑

图3.4-26　开卷有益雕塑

3.4.6　以"好人精神"为主题的好人园

人无德不立，城无德不兴，一座城市的文明程度，很大程度上取决于其市民的道德素质。从"季子挂剑""三让徐州"到"有情有义"的徐州人，历史悠久的徐州"好人文化"，正在彭城发扬光大，"有情有义，诚实诚信"成为徐州的城市精神。为进一步倡导"好人

图3.4-27 好人园广场

图3.4-28 好人园雕塑

文化"，彰显"凡人善举""凡人壮举"，让无形的道德力量可触可感，打造徐州道德地标，2011年在美丽的云龙湖珠山景区建设了江苏省首家好人主题文化公园——"徐州好人园"，倡导广大市民"存善心、积善行、养善性"，让每个人都能成为好人，通过汇聚每个人的平常"小爱"，成就整个城市的"大爱"乐章。"好人园"由好人广场和好人雕塑两大部分构成。好人广场设置了爱心LOGO、美德柱、爱心墙三组主题雕塑，集中展示徐州人民重情重义、崇德向善的优良品格和风尚。好人雕塑作为"好人园"的核心和灵魂，预设了100多个雕塑席位，分为敬业奉献、见义勇为、助人为乐、孝老爱亲、诚实诚信五个区域，每一座雕像背后都有一个感人至深的故事（图3.4-27、图3.4-28）。

3.4.7　以"山水文化"为主题的无名山公园

　　无名山公园位于铜山区,以"人文山水,福地铜山"为主题,按照"一山、二水"进行布局。"一山"即无名山,充分尊重原有地形,在原有侧柏林的基础上进行梳理和整合,以凸显青山永在的意境;对裸露的岩石进行清理,将其自然粗犷的本质充分展现,让人们能从中领略来自自然的力量。"二水"一是通过将公园向西拓展,实现公园与现有河道相接,并对河道进行扩增,适当改造河道岸线形态,形成条带状"如意湖",建设滨水植物群落景观,丰富整体形象,二是修整山体中采石宕口、采石沟,构造山中水景区,作为山水人文的内核,反映场址历史。在景观构架上按照"两线、三轴"进行布局,两线为纵贯南北的西部生态景观线和中东部人文景观线,三轴为横穿东西的南部环山路景观轴、中部登山轴和北部环山轴。三条景观轴线串联起望月亭、福园、王学仲艺术馆、牡丹园、生肖广场、心雨广场、林荫广场、中国结广场等景点。公园建设借鉴了苏州园林的造景手法,既有北方园林的豪气、霸气,又有南方园林的秀气、灵气(图3.4-29~图3.4-31)。

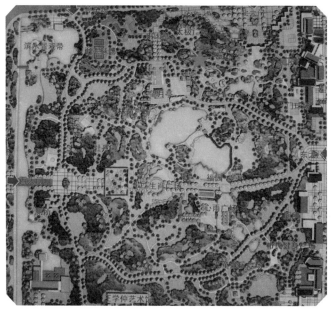

图3.4-29　无名山公园平面图

图3.4-30　无名山公园全景

望月亭 　　　　　　福园 　　　　　　心雨广场

十二生肖广场 　　　　　　如意湖 　　　　　　中国结广场

山林景观 　　　　　　　　　山中水景

图3.4-31　无名山公园部分景点

3.4.8　以"体育文化"为主题的东坡运动广场

　　徐州人自古就有崇文尚武的优良传统，汉画像石中就有举重、摔跤、狩猎、武术等生动刻绘，徐州也是我国的体育强市，健身已成为今天徐州人的生活时尚。2008年，徐州市政府在云龙山东麓、隧道之南侧，新建了占地6hm²的东坡运动广场。横贯广场东西的是冠军大道，沿大道两侧摆放着徐州籍二十余名体育世界冠军的"足迹"浮雕，包括技巧、跳水、举重、乒乓球、射击、滑雪、散打7个项目，其中3人31次打破世界纪录；广场主题雕塑的上半部像两个飞舞的银球，下半部是一个快速滑动的雪橇，代表了徐州运动员获得奥运金牌的两个项目——乒乓球和自由式滑雪男子空中技巧，同时也彰显了徐州人"敢为人先""敢于竞争"的体育精神（图3.4-32～图3.4-36）。

　　广场分为青少年运动、中老年健身、儿童游乐、中心喷泉、浅溪戏沙、休憩休闲六个功能分区，满足了不同年龄层次的市民需求。

图3.4-32　东坡运动广场入口

图3.4-33　东坡运动广场冠军大道

图3.4-34　东坡运动广场儿童活动广场

图3.4-35　东坡运动广场主题雕塑

图3.4-36　东坡运动广场运动雕塑

"景成山水，舒扬雄秀"的徐派园林造园特色

徐州园林在长期的发展过程中，得其独特的自然风物和地域文化浸润，汲取中西方造园艺术精华，孕育出"景成山水，舒扬雄秀"的徐派园林特色。"景成山水，舒扬雄秀"意指当代徐派园林的主体为自然山水园，城市公园的营造也全面体现了自然山水园的特征，即园林相地布局舒展和顺，恢宏大气；用石理水厚重秀雅，宛自天开；植物配置季有景出，形意自然；园林建筑兼南秀北雄，承古开新；小品铺装形意兼备，寓意深刻；整体风格舒展拔俗，雄秀并呈，自成一格。

3.5.1 相地布局舒展和顺，恢弘大气

1. 因地就势，充分体现自然风貌

《园冶·相地》曰："园基不拘方向，地势自有高低；涉门成趣，得景随形，或傍山林，欲通河沼"。徐派园林得自然山水之利，充分结合自然地形、地貌，通过对山水要素的运用和塑造，体现乡土景观风貌和地表特征，切实做到顺应自然，就地取材，衔山吞水，聚珠汇萃，简妙灵动，舒展和顺，恢宏大气，已成蔚然大观之景象。

彭祖园原址为两座东北—西南走向相连的山头，东西较窄，南北狭长，两端经缓坡过渡而为平地，山体西北侧有雨水集洪沟。公园空间处理完全依托自然地形地貌，仅对西侧集洪沟进行疏浚扩展，并利用自然落差，构筑条带形水景区，形成湖在前山在后，山水相依的格局。山体中上部保持山林的自然野趣，山下为缓坡和平地，地形处理简单巧妙，成为徐州园林顺应自然、返朴归真、就地取材、追求天趣，"源于自然，高于自然"的经典（图3.5-1、图3.5-2）。

图3.5-1 彭祖园顺应自然的景观格局

图3.5-2 彭祖园福山与不老潭相得益彰

金龙湖宕口公园，本是采矿后遗留的宕口和矿坑，建设中充分利用原有地形进行巧妙改造，利用宕口巨大的落差搭配水体形成瀑布，矿坑底部低洼处引水形成湖泊，四周合理搭配植物，形成独特的宕口景观（图3.5-3）。

图3.5-3 金龙湖宕口公园依山就势的景观空间

云龙湖珠山景区，依山而建，临水为景，将环绕整个珠山、总面积80hm²的大区域，打造出真山真水的园林景观，墨绿莽苍的珠山与碧波粼粼的云龙湖，宏大的山水格局，山景的磅礴大气和云龙湖的钟灵秀丽尽情挥洒（图3.5-4）。

汉文化景区原址东部为狮子山，西部为砖窑取土形成的深坑，北部为骆驼山。公园布局依自然地貌和楚王陵及兵马俑坑遗址，在对各类占山建筑整体拆迁的基础上，充分运用丰富的自然地形和空间变化，实现各景点互相借用，最大限度扩展景区内部的空间渗透力，全园布局完全顺应自然、返朴归真、就地取材（图3.5-5）。

泉山森林公园敞园改造工程中，为再现泉山奇特的地理景观风貌，清除了山体上原有附着物，充分凸显山体自然形态，漫山遍野的绵羊石在侧柏的掩映下或蹲或卧，惟妙惟肖，还原了千年前苏轼笔下"满冈乱石如群羊"的壮美景象（图3.5-6）。

图3.5-4　珠山景区磅礴大气的山水格局

图3.5-5　汉文化景区丰富的空间变化

图3.5-6　泉山森林公园群羊坡

2. 以人为本，构建丰富园林空间

传统园林的空间布局，通常以景观为中心，"尽错综之美，穷技巧之变"，要求景致随人们的游览进程，构成一个个整体序列，即园林空间的动态展示序列，其一般规律是：起景阶段→过渡阶段→高潮阶段→结景阶段，随着时代的发展，这种景观中心的空间布局方式已不能充分满足现代城市公共园林的功能要求。

徐州园林在空间构建中，一方面在展示序列方式上不再局限于单一展示程序，大多采用多向入口、循环道路系统、多条游览路线的布局方法，在以一条主游览路线组织全园多数景点的同时，又以多条辅助的游览路线为补充，以满足游人不同层次的游园需求。另一方面，在空间类型上，不再局限于景观（浏览）空间的打造，而是将运动（休闲）空间的构建放到突出位置，以充分满足市民多样化的需要。

云龙公园改造中，充分考虑不同需要，依据不同空间的特点，营造出风格各异的空间氛围，如东大门入口、十二生肖广场和旱喷广场等，即以宽阔平坦的绿地、舒展的草坪或疏林草地营造开朗舒爽的空间氛围。知春岛、王陵母墓、牡丹园、水杉林、滨水休闲区通过高低错落的地形处理，以创造更多的层次和空间，以精、巧形成景观精华，通过各类空间衔接串联和丰富的植物配置，营造出层次多变的园林艺术空间，让人既能登高远眺，包揽美景，也能在绿树丛林中享受那分惬意，进一步拓展了城市的亲民空间，将公园融入到城市中去，成为市中心集生态、展示、游览、休闲活动等功能于一体的开敞式城市公园绿地（图3.5-7）。

图3.5-7　云龙公园丰富的景观空间

3. 以小见大，巧妙营造园林场景

当园林场地条件比较平淡时，则通过地形的高低起伏、比例尺度的把控、山水形态的调整营造出近自然的地表特征，丰富景观。如东坡运动广场，在小面积缓坡地上，人工堆砌假山，增加地形高差，山下修建小溪，并引水上山，形成假山跌水景观，平添了一份灵动的野趣（图3.5-8）；植物园红枫谷，在一块小平地上，筑出浅浅谷地，营造出一种幽深的氛围（图3.5-9）。

图3.5-8　东坡运动广的假山浅溪

图3.5-9　徐州植物园的红枫谷

3.5.2　用石理水厚重秀雅，宛自天开

明邹迪光《愚公谷乘》中说："园林之胜，惟是山与水二物"，当代徐州园林在凭依自然山水资源的同时，根据场地条件和造园立意，合理掇山置石、筑溪引河、设池开湖，增强了园林景观的艺术之美。

1. 用石淳厚凝重

"人"在"山"中谓之"仙"。乐山好石不仅为古代士大夫所偏爱，也是当代徐州众多市民的普遍喜好。徐州园林景观用石种类丰富，除位列古时四大名石之首的灵璧石外，吕梁石、太湖石、泰山石、黄石、千层石、龟纹石等均有应用，或掇山，或置石，或护坡，形态丰富，形神交融，造就了众多佳作，从一个侧面诠释了徐州"淳厚、凝重"的自然景观风貌和人文精神。

（1）掇石成山

徐州园林掇山，早期多用湖石，取江南园林掇山风格，如解放后最早建设的云龙公园假山。近十年来，发展形成了采用矩形块石材料，风格简约、粗犷、豪放的艺术风格。如奎山公园、无名山公园、汉文化景区的龙窝、彭祖园福山瀑布采取"池上理山"的手法，在池边用纹理呈横向变化的横长形块石，横纹直叠，简洁明快，避巧就拙，密疏得当，体现出平、直、正、拙的特征，倒映水中，俯仰之间，壶中天地、万景天全（图3.5-10~图3.5-13）。

图3.5-10　奎山公园假山

图3.5-11　无名山公园假山

图3.5-12　汉文化景区龙窝

图3.5-13　彭祖园福山瀑布假山

（2）置石成景

置石是当代徐州园林中应用最为广泛的一种用石手法，或空旷之野，或嘉树之下，或湖岸水边，或屋角墙边，或路缘阶旁，或独置、或对置、或散置，或群置一些大大小小的天然石块，看似无心，实则精心布局，"片山有致，寸石生情"，与相邻景物融为一体，使"软"的景观融入一份硬朗，"硬"的线条平添一份柔情。滨湖公园东门中门内的彭祖寿石，自然天成，肖似彭祖并能体现彭城情韵；云龙湖风景区的"龙形石"，契合景区"龙"文化主题；云龙公园散置景石，与黑松、花境结合，宛若精致的盆景；迎宾游园"柳枝揽月"，在曲尺式台阶一隅，悬水叠石三块，石间置树穴，配植红枫等小灌木，在刚直中增添了一丝柔情和野趣。楚园的景石上篆刻主题诗词，赋予景石丰富的文化内涵（图3.5-14～图3.5-21）。

图3.5-14　滨湖公园
彭祖寿石

图3.5-15　云龙湖的"龙石"

图3.5-16　彭祖园碑林"空"石

图3.5-17　泉山森林公园百寿园的主题景石

图3.5-18　云龙公园的散点景石

图3.5-19　科技广场的景石

图3.5-20　迎宾游园"柳枝揽月"的景石

图3.5-21　楚园石刻

（3）筑坡砌岸

徐州水体两岸砂性土壤多，水土流失较为突出，挡土护坡因此成为造园的重要环节。恬静娴雅的湖溪岸边，或花草如茵的坡底山脚，一抹景石护坡，一动一静，一刚一柔，生动自然。百果园湖岸，花草间生，"石得水而活，水得石而媚"；迎宾游园在上下台地过渡区，采取阶梯式堆砌法，大型块石上下错落布置，石间点栽植物，坚硬的石头，衬托了生命的美丽；九龙湖驳岸景石，在保护驳岸的同时，还兼具了亲水平台的功能（图3.5-22～图3.5-26）。

图3.5-22　戏马台公园景石护坡　　　　　　图3.5-23　彭祖园不老潭驳岸

图3.5-24　云龙公园驳岸　　　图3.5-25　九龙湖公园驳岸　　　图3.5-26　百果园驳岸

2. 理水壮阔秀丽

老子曰"上善若水"。作为文化符号的水，在中华民族的审美心理上有着深层的含义。陈从周先生说："水为陆之眼""水本无形，因器成之"。当代徐州园林的"理水"特点主要有三：一是利用场地自然或原有的水廓，因地制宜，对岸线等稍作修形加工，湖中筑岛、设堤、造桥，形成水面有聚有分、有断有续、曲折有致的节奏感，近自然的湖泊型水体，水面壮阔，清风徐来，烟波浩渺，这类水景多存在于大型公园和风景名胜区中，是公园或景区的主体景观，如云龙湖、金龙湖、大龙湖、九里湖、潘安湖等，湖水多与区域性河流相通，湖中小岛，犹如碧玉，在水天一色之中，平添了几分袅袅娜娜的韵味。二是掘池蓄水，此类水体一般以静水景观为主，玲珑秀丽，水波不兴，将蓝天白云和绿树花草的倩影尽收怀抱，轻松而平和，静静中常透着一丝沉思，有自然式和规则式两个类型，前者如彭祖园的不老湖（图3.5-27）、百果园景观湖（图3.5-28）等，水体形态拟自然的方式，常由自然式驳岸或植物收边，水际线曲线式变化，乖巧灵韵，有一种天然野趣的意味，后者多用于城市广场及建筑物的外部环境中，形状规则，多为几何形，如东坡运动广场入口广场水池，体现出一种强烈的现代感（图3.5-29）。三是巧借地势，营造动水，金龙湖宕口公园和珠山天师岭的瀑布（图3.5-30、图3.5-31）、徐州名人馆和楚园入口广场的叠水（图3.5-32、图3.5-33）等，悬流直下，气势雄浑而磅礴，豪迈而坦荡，还有奎山公园的潺潺小溪（图3.5-34），静静流淌。

图3.5-27　彭祖园的不老湖

图3.5-28　百果园景观湖

图3.5-30　金龙湖宕口公园的两级瀑布

图3.5-29　东坡运动广场入口广场喷泉

图3.5-31　珠山景区天师岭瀑布

图3.5-32　徐州名人馆叠水

图3.5-33　楚园入口广场叠水

图3.5-34　奎山公园的潺潺小溪

3.5.3　植物配置季有景出，形意自然

徐州园林植物景观，得其南北交汇的植物资源，师法自然，融合地方文化，形成"南北交融，季有景出，形意自然，内涵丰富"的植物景观特色。

1. 遵循自然，乡土气息浓郁

园林植物群体的外貌特征主要取决于优势树种。徐州地处暖温带南缘向北亚热带过渡地区，植物以落叶阔叶树为主，徐州绿地景观在植物选用上，立足乡土植物作为绿化的基本材料，优先选用地带性树种，如银杏、重阳木、栾树、黄连木、三角枫、榔榆、乌桕、朴树、榉树、柿树、柳树、合欢、雪松、紫叶李、紫薇、石榴、海棠、木槿、蜡梅、梅花、桃、杏等，乡土树种占了植物种类总数的70%以上，构建了乡土气息浓郁的植物景观（图3.5–35）。

| 淮塔的银杏 | 云龙公园的栾树 | 淮塔的乌桕 | 金龙湖景区的旱柳 |

| 娇山湖景区的合欢 | 楚园的朴树 | 好人园的雪松 | 娇山湖景区的紫叶李 |

| 云龙公园的海棠 | 古黄河公园的石榴 | 小南湖的紫薇 |

| 云龙公园的牡丹 | 九里湖湿地公园的香蒲 | 潘安湖湿地公园的黄菖蒲 |

图3.5–35　徐州市园林绿化乡土树种

2. 模拟自然，以复层群落为主

徐州市在城市绿地植物群落营造中，充分模拟自然群落，结合绿地因地制宜的微地形设计和空间格局，构建以高层乔木为主导，灌木、草本相结合的复层人工植物群落，以丰富多样的植物造景体现绿色生态景观。群落配置中，注重常绿与落叶、乔、灌、花、草的科学搭配，广泛采用自衍花卉和多年生宿根花卉营造自然景观。复层群落的结构主要有大乔木—小乔木—灌木—草本和花卉、乔木—灌木、乔木—草本和花卉等模式，其中大乔木—小乔木—灌木—草本和花卉为主要模式，该种模式群落结构较为完善，尤其注重中间层次植物的搭配，常以小乔木和灌木的形态、质感、色彩等凸显林下视线的通透性和空间的虚实交替，同时也彰显了"厚重"的景观特色（图3.5-36）。

图3.5-36　景观各异的复层植物群落

3. 南北交融，兼具大气与婉约

结合场地的自然特征和功能、景观要求，采用不同的配置模式，或自然，或规则，或大气，或婉约。在具体配置中，充分考虑植物的大小、高低、粗细、质感、色彩、冠形等特征，注重林冠线、林缘线的变化，做到疏密有致，收放自如，虚实结合。大面积的乔灌草结合的复层群落配置，恢弘大气，植物空间边缘的配置则曲折有致，高低错落，精致婉约。漫步于徐州的滨水空间中，青青垂柳，柔条拂水，菖蒲、鸢尾、千屈菜、旱伞草等丰富的水生植物随风摇曳，姿态万千；驳岸的水杉与山水相融，结合岸线布局，有近有远，有疏有密，有断有续，曲曲弯弯；林缘、路缘的花境色彩缤纷，秀丽多姿（图3.5-37、图3.5-38）。

图3.5-37 恢弘大气的珠山景区植物景观

图3.5-38 婉约秀丽的彭祖园不老湖植物景观（左）和云龙公园滨水植物景观（右）

4. 延长季相，季有景出

植物配置中，根据不同植物的观赏特征和季相变化，充分考虑四季景观效果，使城市绿地植物季有景出，四季景观各有不同。春季繁花似锦，主要观花植物有碧桃、樱花、海棠、连翘、紫叶李、紫荆、迎春等，夏季绿荫浓郁，法国梧桐、槐树、榉树、朴树、栾树等高大乔木绿荫如盖，秋季色叶斑斓，乌桕、黄连木、银杏、马褂木、三角枫、五角枫等树木叶色丰富，冬季松柏凌霜，蜡梅傲雪，红瑞木、榔榆、金丝垂柳、白皮松等观干、观姿植物也成为一道独特的风景（图3.5-39）。

图3.5-39　彭祖园四季植物景观

5. 挖掘内涵，主题丰富

在植物景观营造中，根据城市绿地的性质、设计理念、风格和主题，挖掘植物的文化内涵，通过各种植物的配置营造相应的文化环境氛围，形成不同类型的文化型植物景观，达到寓情于景，寓意于景，充分展现了园林的文化艺术特色。位于小南湖的苏公岛，是为纪念苏东坡而建设的融自然、人文景观于一体的文化型景区，岛上设立了东坡文苑、苏东坡雕像、东坡足迹、东坡书简等景点，植物景观营造时，为了弘扬苏东坡大气脱俗、正直而不失优雅的品格，将植物配置的风格定位为简约、疏朗、雅致而且自然。苏东坡曾说过"宁可食无肉，不可居无竹"，可以见得苏东坡对竹的格外钟情，同时竹象征人的高尚节操，园中种竹是文人追求雅致情趣的体现，所以岛上采用竹类作为背景植物搭配建筑和硬质景观，柔化建筑轮廓，诗化硬质景观。"只恐夜深花睡去，故烧高烛照红妆"表达了苏东坡对海棠的眷恋之情，另外梅、兰、菊等开花植物也一直是古代文人诗文吟诵的主要对象，园中赏花更是一种清新脱俗的高雅情趣，所以在岛上大量种植各类开花植物海棠、梅花、玉兰等，以营造树木荟萃、繁花似锦的诗情画意（图3.5-40）。

淮海战役烈士纪念塔公园较好地应用了植物进行意境创造。雄伟庄严的纪念塔是园林的主体建筑，塔的正面是一条宽的花岗岩石台阶直达中心广场。根据这一主体建筑，绿化重点放在纪念塔四周及正面台阶一段，为了衬托塔的庄严性，在塔后山上造侧柏林，左右两侧配置黑松林，纪念塔婉如一棵玉柱屹立于苍松翠柏之中。从山脚到塔的台阶两侧列植两行雪松和银杏，台阶组中的平台上设两组对称的绿篱花坛，内配多种花卉。每组台阶中间坡地设对称的模纹花坛。进入台阶，苍松翠柏，松涛呼啸，使人们对淮海先烈的英灵肃然起敬，达到了触景生情、情景交融的效果（图3.5-41）。

图3.5-40　苏公岛植物景观

图3.5-41　淮海战役烈士纪念塔植物配置

3.5.4 园林建筑兼南秀北雄，承古开新

当代徐州园林建筑从数量上以明清式仿古建筑为主体，在继承中国传统建筑艺术的同时，也积极汲取现代建筑艺术之精华，建设了一批现代园林建筑，风格既有北方建筑的厚重朴实，又有南方建筑的精巧雅丽，还有现代建筑的简洁明朗，装点在青山碧水、绿树花草中，与周边的山水、植物协调搭配、巧妙融合，相映生辉。

1. 建筑风格雄秀兼容，形式多样

徐州园林建筑包括亭、台、楼、阁、牌楼、牌坊、阙、门、榭、舫、馆、殿、祠、厅、廊、桥等，类型多样，建筑风格和色彩等一方面受北方建筑与江南民间建筑的双重影响，雄秀兼容，另一方面受到时代发展的影响，既有风格古朴的古典建筑，又有简洁明朗的现代建筑，古今结合，形式多样。

亭：亭是园林中重要的造景元素，徐州园林中有许多风格不同、富有特色的景观亭，如仿古的四角亭、五角亭、六角亭、八角亭，单层亭、重檐亭，现代风格的玻璃亭、木亭等，有的承载千年历史文化早已名闻遐迩，有的势态恢弘，有的秀丽灵巧，或筑于高处，供游人统览全景，或于山麓，以衬托山势的高耸，或于临水处，与水倒影成趣，或于林木深处半隐半露，含蓄而又平添情趣（图3.5-42）。

云龙山放鹤亭

小南湖排云亭

彭祖园赏樱亭

云龙湖连廊亭

小南湖双六方亭

迎宾游园木亭

泰山南坡四角连廊亭

楚园凉亭

金龙湖景区草亭

图3.5-42 形式多样的景观亭（一）

珠山景区的玻璃亭　　　　　无名山公园望月亭　　　　　娇山湖景区六角亭

云龙山招鹤亭　　　　　云龙公园关盼盼亭　　　　　快哉亭公园快哉亭

图3.5-42　形式多样的景观亭（二）

台：台是中国史载最早的景观建筑，通常表现为坚实高大、平整开阔的建筑形式，达到登高望远的效果。云龙山观景台位于最高峰第三节山的山顶，磅礴屹立，气势雄伟，登台临栏远眺，全城美景一览无余，尽收眼底（图3.5-43）。

图3.5-43　云龙山观景台

楼、阁：黄楼和燕子楼是徐州园林中"楼"的代表作。黄楼高18m，楼的平面为正方形布局，三层，楼的底层前面有抱厦，结构暗层的腰檐上四周设花棂窗，顶层设平座槛廊环周，正檐下悬苏轼手书体"黄楼"二字的竖匾额，屋面和双重飞檐都覆黄琉璃瓦，屋面九脊整体歇山落翼十字脊形制，正脊两端吞脊兽昂首远望，朱漆山花垂挂，每层飞檐上六条戗脊上端安坐合角吻兽脊件，檐角起翘平缓，檐、脊平齐，沉稳庄重（图3.5-44）。燕子楼位于云龙公园知春岛上，是按清初仿宋形制近年重建的双层单檐楼，底层前后门外靠墙建卷棚歇山顶半亭门檐，前后抱厦与主楼都为卷棚歇山顶，黑筒瓦覆顶面，抱厦与耳房使得楼的四面屋顶都看到六个长檐飞翘，脊角高挑如黑燕凌空展翅，名副其实称燕子楼（图3.5-45）。

图3.5-44 黄楼公园黄楼

图3.5-45 云龙公园燕子楼

榭、舫：云龙公园水榭为钢筋混凝土浇筑墩基与台身，美人靠护栏，暗漆圆柱支架起卷棚歇山屋顶盖，山花是鸳鸯、荷花图；黑筒瓦覆顶面；翘檐挑角，外形轮廓轻柔舒展、内空宽大开敞（图3.5-46）。

黄楼公园船舫，其西端船尾房通过中部船廊与东端船首的二层船楼相连接，船身为钢筋混凝土整体浇筑，首尾两端是卷棚歇山顶，整体是黑筒瓦覆顶面，檐面平缓；船舫四周设朱漆圆柱连接围栏；卷棚顶部轻柔舒展，歇山脊角起翘微挑似动实静（图3.5-47）。

图3.5-46 云龙公园水榭

图3.5-47 黄楼公园船舫

馆、殿、祠：徐州汉兵马俑博物馆在发掘的狮子山汉代兵马俑坑原址上建起，分为主厅与骑兵俑展厅两部分，骑兵俑坑地势低已完全处于水下，通过水面两边的石曲桥进入，水面上外框造型是两个封闭性较好的四方斗形，但却是倒置的，也就是"覆斗形"建筑，整体以灰黑色装饰板饰外墙面；双斗并肩倒覆水上，情趣盎然，自然成景（图3.5–48）。

祠：彭祖园内彭祖祠，以堆垒高大宽阔的青石高台为基，房屋四周是双排八角赭色高柱，支撑起高11米堂厦，梯步重檐、檐口平直，黑筒瓦覆顶面，屋顶面陡峭、垂脊尾端翘起但与屋檐平齐，正脊较短两头微翘（图3.5–49）。

厅、室：彭祖园东门厅赭色圆柱，彩绘内顶棚，悬山式屋顶，黑筒瓦覆顶面，正脊端装饰鸱吻，檐角平直，檐下悬挂着刻书有"彭祖园"名的横匾，是很有特色的一处园林入口建筑（图3.5–50）。

图3.5–48　汉文化景区水下　　　　　图3.5–49　彭祖园彭祖祠　　　　　图3.5–50　彭祖园东门
　　　　　兵马俑博物馆

牌楼、牌坊、阙、门：牌楼是富有中国传统文化特色的景观建筑，以特有的形象和气势营造出庄重大气、古朴沧桑或精巧细致、富丽华贵的气氛。云龙山、云龙湖、彭祖园等众多公园中分布着风格各异的牌楼，五省通衢"牌楼是徐州牌楼的代表作（图3.5–51）。

图3.5–51　"五省通衢"牌楼

徐州园林中的牌坊多为石牌坊，从平面来看均为"一"字坊。按大小规模有一间两柱、三间四柱、五间六柱等。

园桥：园桥兼有交通和景观的双重功能，一座个性鲜明、造型独特的桥梁，就是一道优美的风景线。徐州园林中的桥结构、形式多样，有平桥、曲桥、亭桥、拱桥等，材质丰富，造型各具特色（图3.5-52）。

彭祖园不老潭木桥

小南湖泛月桥（廊桥）

小南湖景区双亭桥

云龙公园平曲桥

小南湖景区龙华桥（十七孔桥）

小南湖景区解忧桥（单拱桥）

图3.5-52　造型多样的园桥

花架：花架具有园林小品的装饰性特点，又有丰富的使用功能，即可作小品点缀，又可成为局部空间的主景。风格不同、造型各异的花架，丰富了徐州城市绿地景观，同时满足了游人休憩的需要（图3.5-53）。

东坡运动广场花架

云龙公园花架

九龙湖公园花架

九里湖湿地公园花架

百果园花架

黄河北路游园花架

云龙湖景区花架

楚园花架

图3.5-53　风格各异的花架

2. 建筑与文学艺术融合，意境深远

文学艺术的表意功能可唤起人们的形象思维，引导人们联想和体验园林意境的无限空间，达到"触景生情"、"情景交融"。徐州城市绿地景观营建中，常把匾额、楹联、题咏等作为园林意境的载体，传递文化信息、深化主题、营造园林的诗情画意。彭祖园东门前的"大彭氏国"石牌坊，最上方是著名美术家程大利题写的"大彭氏国"匾额，两边的楹联是"八百春秋古今人瑞一彭祖，四轮晦朔华夏金城冠徐州"，述说着大彭国的远古文明，歌咏着彭祖的功绩，使延年益寿、睿智贤良的彭祖形象跃然眼前（图3.5-54）；作为彭祖园标志性建筑之一的大彭阁，悬挂着国画大师李可染题赠的"大彭阁"匾额（图3.5-55），一层为彭祖寿堂，正门上方为"虎炳千秋"匾额，喻彭祖青史留名，照耀千秋万代；第二道门上的匾额是"道与化新"，是引用了汉代刘向《彭祖仙室赞》中的句子，意谓彭祖的思想

图3.5-54　彭祖园东门楹联和东门"大彭氏国"石牌坊楹联

图3.5-55　彭祖园大彭阁楹联

图3.5-56　戏马台风云阁楹联

道德体系能不断推陈出新。戏马台风云阁南面楹联"风吼雷鸣拔山除暴，云飞旗舞戏马兴戎"，气壮山河，寓意西楚霸王风起云涌的一生（图3.5-56）；五省通衢牌坊南面楹联"五省通衢，禹列尧封神圣地；九州胜境，龙吟虎啸帝王都"、北面楹联"地锁江淮，人文一脉兴秦汉；衢通南北，气势千秋冠古今"，描述了昔日徐州城下，大河奔流，帆樯林立，五省通衢的恢弘气势。显红岛公园安澜堂北面水榭正门上的楹联"孤岛驻香魂，美德不随洪水逝，新亭凝浩气，芳名永让后人传"颂扬了苏小妹舍身抗洪的美德（图3.5-57）。

图3.5-57　显红岛公园楹联

3. 建筑与植物有机融合，虚实相生

建筑是城市绿地不可缺少的组成部分，完美的建筑景观离不开与周围环境的相互协调，尤其是植物。园林植物可以其丰富的色彩、优美的姿态和风韵，增添建筑美感，赋予建筑生动的感染力。

在徐州园林建筑空间的植物配置中，一是注重根据建筑物风格和所要表现的主题选择适合的植物种类及配置方式，如竹林寺周边种植了大片竹子，契合主题（图3.5-58）；彭祖园碑林的植物、文字、建筑巧妙结合，清新典雅（图3.5-59、图3.5-60）；无名山公园粉墙前的芭蕉、桃叶珊瑚等，衬托出建筑的古典风韵（图3.5-61、图3.5-62）；快哉亭公园粉墙前的植物配置，丰富了墙体的艺术构图（图3.5-63）；云龙公园丰富的植物配置，使建筑与环境有机融合在一起（图3.5-64）；金龙湖景区的菖蒲、睡莲、草亭，赋予滨水空间田园化的美感（图3.5-65）。二是注重建筑物与周围环境协调，如建筑物体量过大，建筑形式单一时，则利用植物遮挡或弥补，如东坡运动广场管理房利用植物遮挡，使其掩映于大片植物中（图3.5-66）；三是加强建筑物的基础种植，墙基种植花草或灌木，使建筑物与地面之间有一个过渡空间，或起到稳定基础的作用，如东坡运动广场服务中心的墙基种植了淡竹、红叶石楠等，使建筑物与地面间形成良好过渡（图3.5-67）。

图3.5-58　竹林掩映的竹林寺

图3.5-59　彭祖园碑林的建筑、文字和植物

图3.5-60　彭祖园碑林盛开的凌霄

图3.5-61　无名山公园粉墙前的植物配置

图3.5-62　无名山公园的框景

图3.5-63　快哉亭公园粉墙前的植物配置

图3.5-64　云龙公园建筑前的植物配置

图3.5-65　金龙湖景区的菖蒲、草亭

图3.5-66　东坡运动广场管理房前植物配置

图3.5-67　东坡运动广场服务中心墙基绿化

3.5.5　小品铺装形意兼备，寓意深刻

1. 雕塑小品

　　景观雕塑、小品被大量用作当代徐州园林景观营建中的点睛之笔，既美化环境，丰富园趣，又提供了丰富的文化信息，使游人从中获得美的感受和熏陶。雕塑和小品的立意，紧紧抓住文脉构成历史性要素，同时突出自身地域性特征，做精两汉文化，做特楚文化，做大彭祖文化，做响苏轼文化，做深名士文化，做通民俗文化，做好红色文化，以借鉴、保留、转化、重现、象征、隐喻等手法，通过雕塑、小品等丰富多样的形式加以表达，展现出雄浑、古朴的蕴意，着力塑造出具有浓郁地域文化特色的城市园林。

　　（1）人文历史雕塑小品

　　人文历史雕塑、小品以徐州历史上或现实生活中的人或事件为主题，用于纪念重要的人物和重大历史事件，展示徐州地域文化的脉络。

　　汉文化景区东入口的汉文化广场，采取规整庄严的中轴对称格局，依次布置了入口汉阙、司南、两汉大事年表、历史文化展廊，终点矗立汉高祖刘邦的铜铸雕像，构成完整的汉代文化空间序列，犹如一段立体空间化的汉赋，通过"起""承""转""合"四个章节，抑扬顿挫、弛张有度，将汉风古韵自然呈现出来。雕塑广场主体为依汉画像石《车马出行图》创作的一组群雕，采用铜像与花岗岩像相结合的表现方式，由8匹铜马、3匹石马、9个铜人、2个石人组成，整组群雕宏大、威武（图3.5-68）。

图3.5-68 车马出行图雕塑

楚园通过从霸王剑到垓下歌的系列雕塑作品、咏楚诗句的楚文化石雕、形似祥云的楚文化符号坐凳、古代兵器"戈"形的路灯等小品，尽显"力拔山兮气盖世，时不利兮骓不逝。骓不逝兮可奈何！虞兮虞兮奈若何！"一代英雄的悲壮故事（图3.5-69）。

破釜沉舟浮雕

暗渡陈仓浮雕

"题乌江亭"石刻

"垓下歌"石刻

图3.5-69 楚园"楚文化"雕塑

在故黄河风光带建设中，为充分体现故黄河蓝脉、绿脉、文脉一脉相承的深邃意境，建设了八件十一处雕塑，其中有主题景石"古黄河""百步洪"；大型群雕"兵魂"；景观纪念碑"汴泗交汇碑"、禁碑和张良墓道碑；地雕"徐州州治图、徐州府城图"；大型浮雕"孔子见老子""泗水捞鼎""潘公治黄"和"古道漕运"，这些雕塑作品"以河为魂"，展开了徐州从远古春秋到晚清时期的一幅幅历史画卷（图3.5-70）。

大型浮雕"古道漕运"　　　　　　　　　　景观纪念碑"汴泗交汇碑"

"徐州府城图"地雕　　　　　　　　　　　铜兽雕塑

图3.5-70　故黄河风光带系列雕塑

云龙湖风景区市民广场中，题材不同、风格各异的雕塑、小品散布在不同的景点，使游人畅游其中，追忆历史，展望未来（图3.5-71）。

珠山景区的无极、八卦、二十八星宿、玄珠、道教葫芦等一系列象征道教元素的特色雕塑、小品与鹤鸣台、百草坛、天师广场、创教路、天师岭等景点共同展示了张道陵得道、修炼、立教的整个历程（图3.5-72）。

彭祖园名人雕塑，以徐州历史名人为主题，除名闻遐迩的彭祖、刘邦、项羽外，还汇集了从徐偃王到王杰的数十名名人名士，集中展现徐州数千年光辉历史中灿烂的一页页篇章（图3.5-73）。

（2）装饰性雕塑小品

装饰性雕塑、小品轻松、欢快，表现内容多样，表现形式多姿多彩，它营造一种舒适而轻松的氛围，可净化人们心灵，陶冶人们情操，培养人们对美好事物的追求。如：金龙湖景区的系列雕塑，给景区平添了许多情趣（图3.5-74）。

"汉之源"铜雕

"徐州名人"雕塑

"未来时光"

"左右通达"

民俗文化雕塑

图3.5-71　市民广场雕塑

"玄珠"

"无极"

"葫芦"

"道"

图3.5-72　珠山景区以道教文化为主题的雕塑

徐偃王　　　　　　李煜　　　　　　　刘裕　　　　　　　一门三烈

解忧公主　　　　　净检法师　　　　　吴亚鲁　　　　　　马可

图3.5-73　彭祖园部分名人雕塑

图3.5-74　金龙湖景区雕塑

新城区大龙湖景区，以生态、童趣、运动及爱情等为主题，建设了十二座雕塑，丰富了景区文化内涵，也营造了闲暇娱乐的快乐氛围（图3.5-75）。

"日月同辉"

"龙湖之窗"

"拔河"

"斗鸡"

"呆呆蟹"

"泡泡鱼"

图3.5-75 大龙湖景区雕塑

（3）功能性小品

功能性小品的首要目的是实用，比如公园的灯具、牌示标识等，是将艺术与使用功能相结合的艺术品，它在提供便利的同时，也美化和丰富了景观环境，启迪人们的思维，让人们在游园中真真切切地感受到美。

滨湖公园诗词灯采用矩形结构，将历代著名诗人的诗句镂空于灯体表面，展现了五千年文化的历史底蕴；汉文化景区的"编钟灯"、楚园的"戈形灯"、彭祖园的"福灯"、"寿灯"（图3.5-76）、故黄河风光带的"历史长卷"景点说明牌，植物园木质导游牌等则进一步强化了公园的主题（图3.5-77）。

滨湖公园诗词景观灯

汉文化景区"编钟灯"

彭祖园樱花—福灯

楚园"戈"字形路灯

市民广场汉韵景观灯

滨湖公园文化灯

图3.5-76　文化气息浓厚的景观灯

2. 铺装

当代徐州园林中，园路和广场的铺装起着重要作用，多样化的构图和纹样衬托和美化了环境，强化了园林的意境。规则式铺装给人强烈的统一感，自由式铺装更多地使人联想到乡间、荒野，具有朴素自然的感觉，主题铺装则在特定寓意和意境的表达方面，具有独到的优势，如云龙公园花街用不同的卵石构成花形图案，有力烘托了景点的氛围，云龙湖苏公岛广场的"太极"图案铺装，寓意"天人合一"，呼应了珠山景区道教文化的主

黄河公园的景点说明

奎山公园景点说明牌

植物园导游牌

黄河公园景点介绍牌

百果园公园游览图

金龙湖宕口公园的目的导引标识

奎山公园全景图

汉文化景区目的导引标识

淮塔公园指示牌

图3.5-77　风格各异的牌示标识

题；古彭广场采用中国象棋棋盘的图案，暗喻了徐州在楚汉相争中的风云历史；东坡运动广场的奥运会会徽图案，强化了公众对公园运动主题的认知；彭祖园的福寿广场铺装，营造公园"养生"意境，纹样为"彭氏迁徙图"的铺装，反映自彭祖以后彭氏的迁徙路线（图3.5-78）。

汉文化景区广场铺装

金龙湖景区小青砖铺装

徐州植物园砾石铺装

科技广场波纹铺装

云龙公园"花街铺地"

徐州植物园花架前铺装

苏公岛苏公馆前小广场铺装

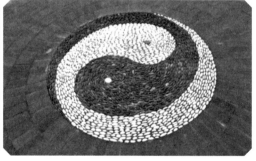

苏公岛广场的"太极"图案铺装

图3.5-78 细致的铺装（一）

苏公岛"苏东坡行迹图"铺装

古彭广场"中国象棋棋盘"铺装

东坡运动广场的奥运地纹铺装

彭祖园"寿"字形铺装

彭祖园"彭氏迁徙图"铺装

彭祖园彭祖祠前"天圆地方"铺装

图3.5-78 细致的铺装（二）

第4章 徐州市城市绿地景观资源和格局的定量评价

马克思曾经指出："一门科学只有当它达到了能够成功地运用数学时，才能真正达到了完善的地步"。

景观资源是城市绿地景观风貌特色塑造的源泉，是构成城市绿地系统特色的重要基础。传统的景观资源评价，多采用定性分析的方法，评价结果受到参与评价人员的知识背景、专业水平、对景观的认知度等主观意识的影响，缺乏一定的科学性与严谨度。随着科学技术的发展，科学、理性、严谨的研究成为科学研究的主题，因此在景观资源评价分析中，需要更加科学以及理性的量化分析，通过建立定量评价指标体系，运用相关方法对景观资源进行定量分析，明确各类城市景观资源的特性和价值，可提高各种资源的可比性，为景观资源的开发和利用提供重要的基础。

城市绿地生态网络，是以景观生态学理论为指导，以城市绿地空间为依托，以城市范围内的自然生态空间及具有生态意义的人工绿地为载体，兼具生态、美学、经济、社会、文化等多方面功能，以提供生物栖息地、维持生物多样性、保护生态环境、优化生态格局、提升景观品质、发展休闲游憩、保存历史文脉、发挥经济效益等为目的的具有高度连接性与交叉性的网络结构体系。通过城市绿地生态网络结构和格局的分析，可以探讨城市绿地生态网络结构和布局是否合理，是否能充分发挥其生态效益和社会效益，为建设结构合理、布局科学、功能高效的城市绿地景观体系提供科学依据，达到城市绿地景观系统高效、协调、舒适的目的。

城市绿地景观资源的定量评价

4.1.1 定量评价方法

景观资源定量评价常用的方法主要有层次分析法、模糊数学评价法、特尔斐法、综合价值评分法等，但大多是单一方法的应用，将层次分析法与模糊综合评价法结合进行景观资源评价的应用较少。本研究借鉴国内外相关评价的经验和方法，以现场调查和问卷调查为基础，采用层次分析法与模糊综合评价法相结合的方法，对徐州市城市绿地景观资源价值进行定量评价，以较好地解决评价系统多指标的综合问题，以期为徐州城市绿地景观资源的合理开发利用提供科学依据。

1965年美国控制论专家查德（L.A.Zadeh）创立了一门新的数学分支——模糊数学，是研究和处理模糊现象和概念的数学理论，20世纪70年代引入我国。

模糊理论的数学基础是经典数学的集合论。模糊综合法以模糊数学为理论基础，通过数量化的描述和运算，对系统中多个相互影响的因素进行综合评价。其基本原理是将评价对象视为由多种因素组成的模糊集合（评价指标集），通过建立评价指标集到评语集的模糊映射，分别求出各指标对各级评语的隶属度，构成评判矩阵（或称模糊矩阵），然后根据各指标在系统中的权重分配，通过模糊矩阵合成，得到评价的定量解值。

模糊评价基本模型为：设评判对象为P：其因素集$U=\{u^1, u^2, \cdots u^n\}$，评判等级集$V=\{v^1, v^2, \cdots v^m\}$。对U中每一因素根据评判集中的等级指标进行模糊评判，得到评判矩阵：

$$R = (r^{ij})^{\ n \times m} \tag{1}$$

其中，r^{ij}表示u^i关于v^j的隶属程度，即对第 i 个指标做出的第 j 级评语的隶属度。隶属度的确定主要有模糊统计法、德尔菲法、对比排序法、综合加权法等。这里直接根据评判者的意见确定r^{ij}：

$$r^{ij} = \frac{q}{Q}, i=1, 2, \cdots, m; j=1, 3, \cdots, n,$$

其中q为评语频数，即评判者评i因素为j等级的人数，Q为参加评判的总人数。（U，V，R）则构成了一个模糊综合评判模型。有了一个模糊综合评判的模型，如何进行综合评价呢？首先要确定指标体系中各因子权重，确定权重的方法很多，常用的有主观经验判断法、专家咨询法或专家调查法、评判专家集体讨论法、二元对比函数法、层次分析法等。确定各因素重要性指标（也称权数或权重）后，记为$A=\{a^1, a^2, \cdots a^n\}$，称为权重向量，它满足

$\sum\limits_{i=1}^{n} a_i = 1$，然后合成得

$$\bar{B} = A \cdot R = \left(\bar{b_1}, \bar{b_2}, \cdots\cdots, \bar{b_m} \right) \tag{2}$$

其中·为矩阵普通乘法，即$\bar{b_j} = \sum\limits_{i=1}^{n} a^i \cdot r^{ij}, j=1,2,\cdots\cdots,m$

若 $\sum\limits_{i=1}^{m} \bar{b}_i \neq 1$，则对其进行归一化处理，即 $b_i = \bar{b}_i \sum\limits_{i=1}^{m} \bar{b}_i$ $i = 1, 2, \cdots\cdots, m$。经归一化后，得 $B = (b_1, b_2, \cdots\cdots, b_m)$。然后，观察 $B \cdot V$，根据 $B \cdot V$ 的结果确定综合评价的等级，在本文中我们取 $V = \{1, 2, 3, 4, 5\}$，例如 $B \cdot V$ 的计算结果为 3.142，则可确定对象 P 的评价等级应为 3 级。

当考虑的因素很多时，因素之间还可分出不同的层次，例如我们讨论的城市绿地景观资源的文化价值定量评价中选择的因素又是知名度、独特性、代表性等因素的综合。对此可进行多层次的综合评判。下面给出二级综合评判的模型，

$$B = A \cdot R = A \cdot \begin{bmatrix} A_1 \cdot R_1 \\ \vdots \\ A_n \cdot R_n \end{bmatrix},$$

其中 A 为一级指标的权数向量，$A^1, A^2, \cdots A^n$ 分别为二级指标的权数向量，$R^1, R^2 \cdots, R^n$ 为二级指标的评判矩阵。最后计算 $B \cdot V$，根据 $B \cdot V$ 的结果确定综合评价的等级。

4.1.2 城市绿地景观资源分类

在调查分析的基础上，结合城市实际，将徐州市城市绿地景观资源分为17类，具体见表4.1–1。

表4.1–1 徐州市城市绿地景观资源分类表

景观类型	主要景观
自然景观资源	山水格局
	乡土植物
人工景观资源	历史文化街区
	文物建筑
人文景观资源	楚汉文化
	战争文化
	彭祖文化
	苏轼文化
	宗教文化
	运河文化
	名人文化
	表演艺术类文化
	民俗文化
	交通文化
	城市精神
特色景观资源	采煤塌陷地景观
	废弃采石场景观

4.1.3 评价指标体系构建

1. 评价指标的选取

（1）选取的原则

主导性原则：城市绿地景观资源的评价，主要是将其作为城市绿地景观特色风貌营建的依据，故指标的选取以城市绿地景观风貌的营建为主导，突出其典型性、代表性、主导性，对影响较小的因素则予以简化或省略。

层次性原则：指标体系应根据研究系统的结构分出层次，由宏观到微观，按照层次递进的关系组成层次分明、结构合理的整体，并在此基础上分析，这样可以使指标体系的结构更加清晰，操作性强。

整体性原则：采用一定的方法将各单个指标综合成一个指标，用以说明资源价值综合评估的整体情况。

可行性原则：指标的建立是衡量城市绿地景观资源价值的一个准则，所以在指标因子的选择上，既不能太过繁杂，缺乏实用性，也不能一味追求简单方便而忽略绿地资源的核心价值和因子。

（2）评价指标的确定

根据以上原则，从徐州市城市绿地景观风貌特色的营建出发，将徐州市城市绿地景观资源评价指标分为3级，包括6项评价因素和18个评价因子（图4.1-1）。

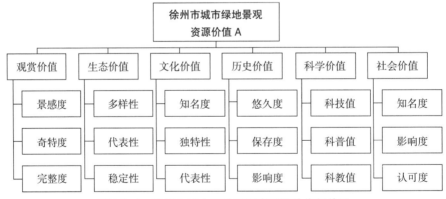

图4.1-1 徐州市城市绿地景观资源评价指标体系

（3）评价指标权重的计算

评价指标的权重反映评价指标在评价体系中的相对重要程度，直接影响评价结果的合理性。层次分析法具有定性与定量相结合的特点，可大大提高评价的客观性和科学性。

本文采取层次分析法确定因子权重。具体步骤为：① 发放专家调查表，课题组向徐州市相关业务部门及在徐高校、科研单位中的园林、林业、旅游、文化、历史、规划等专业的专家，发出调查问卷40份，共回收有效调查问卷40份；② 列出各因子间相对重要性的标定值矩阵，计算各行特征值；③ 运用层次分析法，结合数据资料和专家意见，计算得出徐州市城市绿地景观资源评价指标体系中各因子的权重值；④ 对各评价因子权重值的一致性检验，一致性比例小于0.1时通过一致性检验。

评价指标权重计算结果见表4.1–2。

表4.1–2 徐州市城市绿地景观资源评价指标权重一览表

评价项目	权重	评价因子	权重
观赏价值	0.25	景感度	0.53
		奇特度	0.26
		完整度	0.21
生态价值	0.25	多样性	0.46
		代表性	0.28
		稳定性	0.26
文化价值	0.15	知名度	0.42
		独特性	0.37
		代表性	0.21
历史价值	0.15	悠久度	0.31
		保存度	0.23
		影响度	0.46
科学价值	0.1	科技值	0.31
		科普值	0.51
		科教值	0.18
社会价值	0.1	知名度	0.35
		影响度	0.33
		认可度	0.32

（4）指标体系及分级描述

徐州市城市绿地景观资源指标体系的分级及赋分标准如表4.1–3所示。

表4.1–3 徐州市城市绿地景观资源指标量化评判标准

评价因素	评价因子	赋分标准				
		5分	4分	3分	2分	1分
观赏价值	景感度	非常好	好	较好	一般	不好
	奇特度	非常好	好	较好	一般	不好
	完整度	非常好	好	较好	一般	不好
生态价值	多样性	非常高	高	较高	一般	不高
	代表性	非常强	强	较强	一般	不强
	稳定性	非常高	高	较高	一般	不高

（续）

评价因素	评价因子	赋分标准				
		5分	4分	3分	2分	1分
文化价值	知名度	非常高	高	较高	一般	不高
	独特性	非常强	强	较强	一般	不强
	代表性	非常强	强	较强	一般	不强
历史价值	悠久度	非常高	高	较高	一般	不高
	保存度	非常高	高	较高	一般	不高
	影响度	非常强	强	较强	一般	不强
科学价值	科技值	非常高	高	较高	一般	不高
	科普值	非常高	高	较高	一般	不高
	科教值	非常高	高	较高	一般	不高
社会价值	知名度	非常高	高	较高	一般	不高
	影响度	非常高	高	较高	一般	不高
	认可度	非常高	高	较高	一般	不高

4.1.4　评价结果分析

根据调查问卷整理、计算，得出徐州城市绿地景观资源评价结果，具体见表4.1-4。

表4.1-4　徐州市城市绿地景观资源综合评价结果

自然景观资源	山水格局	4.6
	乡土植物	4.1
人工景观资源	历史文化街区	4.0
	文物建筑	4.0
人文景观资源	楚汉文化	4.5
	战争文化	4.2
	彭祖文化	4.1
	苏轼文化	4.0
	宗教文化	3.8
	名人文化	3.5
	运河文化	4.1
	表演艺术类文化	3.2
	民俗文化	3.1
	交通文化	3.1
	城市精神	3.3
特色景观资源	采煤塌陷地景观	4.4
	废弃采石场景观	4.1

　　根据综合评价得分，将徐州市城市绿地景观资源分为三个等级，得分4.5以上（包括4.5）的为一级景观资源，得分4.0～4.5的为二级景观资源，得分小于4.0的为三级景观资源，据此，将徐州市城市绿地景观资源分级如下：

　　一级景观资源：山水格局、楚汉文化。

　　二级景观资源：采煤塌陷地景观、乡土植物、战争文化、彭祖文化、运河文化、苏轼文化、历史文化街区、文物建筑、废弃采石场景观。

　　三级景观资源：宗教文化、名人文化、表演艺术类文化、民俗文化、交通文化、城市精神。

城市绿地景观格局的定量评价

　　景观格局是指大小和形状各异的景观单元在空间上的排列和组合，包含景观单元的或随机、或均匀、或聚集的空间分布关系。这种空间分布是异质性的主要表现，也是各种生态过程相互作用的结果，与景观功能有着密切的关系。

　　常见的景观生态学过程包括种群动态、物种传播、动物行为、能量流动等，空间格局与生态学过程相互影响、相互制约，彼此形成复杂的反馈关系，构成景观动态演变的基础。研究空间格局与生态学过程的相互关系，是揭示生态学过程形成机制的根本途径，是科学指导景观规划与建设的重要依据。

4.2.1　景观格局分析的基本单元

　　斑块—廊道—基质模型是景观构成的基本模式，也是景观格局研究的基础。

　　斑块是组成空间格局的基本单元，是与周围环境在外貌或性质上不同，并具有一定内部匀质性的空间实体，具有大小、形状、类型、边界等特征，包括生态敏感区、自然保护区、风景名胜区、郊野公园、城市公园、街旁绿地、附属绿地等，呈点状或块状分布。斑块的生态效益与其自身的数量、面积、形状、边界特征及内部匀质化程度等密切相关。对面积而言，一般情况下，斑块面积越大，生物多样性越丰富，大型斑块更利于生物生存与生态过程的顺利进行，生态效益更为突出，小型斑块常作为小型物种的生境空间或其他物种迁移的踏脚石，对于城市内部复杂破碎的用地空间，小型斑块具有更高的适宜性，能够更大可能地发挥城市内部空间的生态效益；就形状而言，自然过程的斑块表现出不规则的形状，人为过程的斑块则多表现出较规则的几何形状，景观生态学中常以周长面积比来描述斑块的形状特征，越接近方形或圆形的斑块形状越紧密，越有利于保蓄能量、养分与生物，而松散的斑块更易于能量、养分与生物的交换，促进斑块内部基质与外部环境相互作用；就位置而言，相邻的斑块增加了景观的连接度，更易于生态流的正常运转，生态效益更明显。

　　廊道是具有线性或带状特征的景观要素，类型丰富，包括沿江海、河流、溪谷、山脉的自然走廊，或铁路、道路、输电线路旁的人工走廊。生态廊道兼具结构多样和功能多样双重特性。对城市生态系统而言，廊道的首要功能是它的生态功能，它是斑块间生态联系的主要通道，为动植物的迁移提供条件，促进城市生物多样性发展，其次是其美化功能，绿色廊道作为城市重要的景观带，可增加城市美感，美化城市环境，第三是其游憩功能，尤其是带状公园和沿着河流等水体的滨水景观带，不仅风光优美，而且其间增设休憩设施常常成为市民休闲的好去处。影响廊道生态功能的结构因素有宽度、曲度、密度、连通性、高度对比（廊道高度与环境高度的对比）、内环境（廊道内部温度、湿度、风速等垂直于廊道方向的梯度变化和沿廊道延伸方向的变化）等。

基质是景观中分布最广、连接度最高，对景观动态变化有着重要作用的景观要素。

4.2.2 景观格局的定量分析方法

1. 研究范围

本研究范围为徐州市中心城区（鼓楼区、泉山区、云龙区、铜山区）的建成区，总面积227.90hm²。

2. 分析方法

分析信息源采用2014年6月的Quick Bird-2卫星影像数据，该数据质量良好，光谱动态范围大，空间分辨率高，有利于绿地景观信息的提取。

在获取原始数据的基础上，先通过信息融合、图像配准等过程对图像进行处理，然后根据不同类型绿地景观的特征建立解译标志，根据解译标志，对遥感图像进行屏幕解译，逐个进行编码，得到室内解译图。初步解译后采取两种方法进行验证：一是取样进行核对，重点是核对图斑的类型，二是进行野外验证，主要是对那些室内解译尚无法确定类型的图斑，到现场核对，并用GPS测定位置，与图像核对形状、大小，然后根据验证结果修改解译标志和错判图斑，做出城市绿地现状遥感解译图（图4.2-1）。

根据解译图，借助ARCGIS软件，建立起既有图形，又有相应数据的城市绿地景观数据库，在此基础上根据研究需要选择相应的景观指数，利用景观数据分析软件Fragstates对绿地景观格局进行分析。

3. 城市绿地景观分类

（1）城市绿地景观分类的基本要求

绿地景观分类是城市绿地景观结构和格局分析的基础。尽管景观分类尚未形成一个完善的体系，但人们在景观分类和命名时通常遵循以下基本原则：

A）景观分类首先必须明确景观单元的等级，根据不同的空间尺度或图形比例尺的要求确定分类的基础单元；

B）景观分类应体现出景观的空间分类及组合，即不同景观之间既相互独立又相互联系；

C）景观分类要反映出控制景观形成过程的主要因子，如地貌和植被；

D）景观分类应突出表现人类活动对于景观演化的决定作用。城市绿地是一种人为干预为主的景观类型，其各个景观单元，如公园绿地、生产绿地、防护绿地等，由于人类建设

图4.2-1 徐州市城市现状绿地遥感解译图

主观意愿的不同，具有不同的结构形态和功能定位，这些结构和功能的差异，应作为绿地分类的主要依据。同时，作为城市用地的组成部分，其类型划分还应充分考虑与城市规划用地分类系列的协调一致性，以利于作为城市总体规划中专项规划的绿地景观规划编制的科学性和可操作性。此外，为提高其实用性，便于城市绿化建设、管理和基础资料的统计，分类还应尽可能结合国家相关部门颁布的标准进行。

　　另外要注意的是，景观的实际空间尺度可以有很大的变化幅度，根据所要研究的问题，可以将景观按不同的详细程度划分为不同的景观要素。景观要素是指研究地区在景观尺度上可分辩的相对同质单元，可以在不同的问题和等级尺度上处于不同的地位。我国学者李哈滨建议景观要素应该根据其地貌学和植物学特征以及人类影响的强度来分类，并以其地貌类型、模地上植被的主要建群种以及主要植被类型来命名。

　　（2）城市绿地景观分类原则

　　A）功能性原则：即根据城市绿地景观的整体特征，主要是功能和用途作为分类的主要依据。由于同一块绿地同时可以具备生态、游憩、景观、防灾等多种功能，分类时以其主要功能作为依据。

　　B）形态结构原则：景观生态系统特征可以分四个方面来考察，一是空间形态，二是空间异质组合即景观结构，三是发生过程，四是生态功能。景观生态系统的空间综合性，能够通过这四个方面的指标综合反映，其中前两个方面具有直观性和易确定性，可以直接观察，分类上的优越性很强。就城市绿地景观而言，不同的绿地景观类型具有不同的形态结构和空间差异，其功能也随之出现相应的差异，因此应成为景观类型分类遵循的原则之一。

C）与相关分类标准一致性原则：城市绿地景观分类的目的，旨在分析城市不同类型绿地景观的结构、布局，为城市绿地景观格局的优化提供依据。城市绿地景观是城市景观的重要组成部分，应与城市其他类型景观的建设相衔接，2014年城市绿地景观建设和管理的基础资料统计基本以建设部颁布的《城市绿地分类标准》（CJJ/T 85—2002）为依据，故分类时尽可能与之相一致，以提高以此为基础的研究的可行性。

D）规模性原则：根据景观生态学原理，不同尺度的景观斑块和廊道的景观功能不同，对景观生态过程的影响也相异，本分类主要以景观的生态功能为主要出发点，故分类时应考虑景观单元规模的大小。

（3）城市绿地景观分类结果

根据以上原则和建设部颁布的《城市绿地分类标准》（CJJ/T 85—2002），参照相关研究成果和本研究目的，将徐州市城市绿地景观分为以下六种类型：公园绿地景观、生产绿地景观、防护绿地景观、道路绿地景观、单位、居住区绿地景观、其他绿地景观。各景观类型的特征见表4.2-1。

表4.2-1　城市绿地景观类型特征一览表

绿地景观类型		内容和范围	形态和结构特征	生态特征	主要功能
公园绿地		包括综合公园、社区公园、专类公园、街旁绿地等	形状多样，面积大小不一	生态类型多样，物种多样性丰富	以游憩为主要功能，兼具生态、美化、防灾等功能，对保护城市生物多样性具有重要作用
生产绿地		为城市绿化提供苗木、花草、种子的苗圃、花圃、草圃等圃地	形状较规则，大面积块状分布	生境类型单一，物种多样性较低	为城市绿化提供绿化材料，对改善城市生态环境有一定作用
防护绿地	防护片林	包括防护片林、组团隔离片林等	形状较规则，呈块状分布	生境类型单一，物种多样性较低	卫生、隔离和安全防护功能，对改善城市生态环境有重要作用
	防护林带	包括工业防护林带、卫生隔离带、道路防护林带、河流防护林带等	形状较规则，呈带状分布	生境类型单一，物种多样性较低	
道路绿地		道路用地内呈带状、条状分布的绿地	呈条状、带状分布	生境类型单一，物种多样性较低	改善和美化道路环境，对改善城市生态环境有一定作用
单位、居住区绿地	单位绿地	包括公共设施、工业、仓储、市政设施、特殊用地内的绿地	多边形、点状分散分布，面积大小不一	用地类型不同，生态特征差异较大，一般表现为生境类型较为单一，物种多样性较低	以美化环境、减少环境污染为主要功能，兼具休憩功能
	居住区绿地	城市居住用地内的绿地，包括组团绿地、宅旁绿地、小区道路绿地、配套公建绿地等	多边形，面积小，点状分布	生境类型较单一，物种多样性差异较大	为居民提供休闲、活动场地为主要功能，兼具美化、生态功能
其他绿地		具有一定景观价值和环境功能的城市林地	块状分布，面积较大	生境类型多样，物种多样性丰富	保护生态环境，美化城市景观，对保护城市生物多样性具有决定性作用

4. 城市绿地景观研究指数的选取

（1）景观指数的选取原则

A）科学性：所选指数经过相关的文献研究与实践证实，并被研究者广泛使用，能够研究绿地景观结构与功能的影响与关联，即绿地空间格局的结构如何作用于城市空间的生态过程。

B）可操作性：选取的指数具体，便于分析，能够对城市绿地格局做出直观的评价与解释，易操作同时具有相对较高的准确度。

C）代表性：研究某一问题有几种不同的指数时，选取最能代表此功能的指数。

（2）景观指数的选取

根据上述原则和研究目标，从总体评价指标、斑块特征、景观多样性、连接度、渗透度五个方面进行评价指标的选取，具体评价指标见表4.2-2。

表4.2-2　城市绿地景观格局分析指标

指标类型	指标名称	计算公式	生态意义
规模	斑块类型面积 CA	$CA = \sum_{j=1}^{n} a_{ij}$ CA等于某一斑块类型的总面积。单位：hm^2。范围：$CA>0$	CA度量的是景观的规模，也是计算其他指标的基础。其值的大小制约着此类型斑块作为聚居地的物种丰度、数量、食物链及繁殖等
	斑块所占景观面积比例 %LAND	$\%LAND = \dfrac{\sum_{j=1}^{n} a_j}{A} \times 100$ %LAND即斑块所占景观面积的比例。单位：%。范围：$0<\%LAND \leqslant 100$	%LAND度量的是景观组分，是确定景观中优势景观元素的依据之一，也是决定景观中的生物多样性、优势种和数量等生态系统指标的重要因素。其值趋于0时，说明景观中此斑块类型十分稀少；等于100时，说明景观中只有这一类型斑块
斑块特征	斑块平均面积	$S=Ai/Ni$ S为斑块平均面积，Ni为景观i的斑块数，Ai为景观i的总面积	不同类型绿地斑块的平均面积，能够反映物种、能量等信息流的差异
	斑块密度	$Ci=Ni/Ai$	斑块密度为单位面积的绿地斑块个数，可反映斑块的破碎度。
景观多样性	香农多样性指数	$SHDI = -\sum_{i=1}^{n} (p_i \times \ln p_i)$ SHDI为景观多样性指数，P_i为第i种景观类型占总面积的比，n是景观类型总数	景观多样性指数的大小反映了景观要素的多少和各景观要素所占的比例状况。当景观由单一元素构成时，景观是均质的，其多样性指数为0；当景观由两个以上的元素构成时，若各类斑块所占的景观比例相等，其多样性指数则最高，反之则降低。多样性指数越大，表示景观多样性越丰富
	优势度指数	$D = H_{max} + \sum_{i=1}^{n} (p_i \times \ln p_i)$ $H_{max}=\ln n$	景观优势度指数D（Dominance）表示景观多样性对最大景观多样性指数的偏离程度。其值越大，表明偏离程度越大，即某一种或少数景观类型占优势，反之则趋于均质；其值为0时，表示景观完全均质

（续）

指标类型	指标名称	计算公式	生态意义
景观多样性	香农均匀度指数	$$SHEI = \dfrac{-\sum\limits_{i=1}^{n}(p_i \times \ln p_i)}{\ln n}$$ 单位：无。范围：$0 \leqslant SHEI \leqslant 1$	反映比较不同景观多样性变化。$SHEI=0$ 表明景观仅由一种斑块组成，无多样性；$SHEI=1$ 表明各斑块类型均匀分布，有最大多样性
连接度	平均邻近指数	$$CONTIG = \dfrac{\left[\dfrac{\sum\limits_{r=1}^{z} c_{ijr}}{a_{ij}}\right]-1}{v-1}$$ 单位：无。范围：$0 \leqslant CONTIG \leqslant 1$	$CONTIG$ 为平均邻近指数，表达空间连接性或邻近性。值越趋近1，斑块内部邻近度和连接度就越高
连接度	斑块内聚力指数	$$COHESION = \left[1-\dfrac{\sum\limits_{j=1}^{n} p_{ij}}{\sum\limits_{j=1}^{n} p_{ij}\sqrt{a_{ij}}}\right] \cdot \left[1-\dfrac{1}{\sqrt{A}}\right]^{-1} \times 100$$ 单位：无。范围：$0 \leqslant COHESION < 100$	$COHESION$ 为斑块内聚力指数，用来度量相关斑块类型的自然连通度。在渗透阈值以下时，随着斑块类型越聚集，自然连通度越高，斑块内凝力越高。数值越大，连通性越高
连接度	廊道密度	$Ti=Li/A$ Ti 为廊道密度，Li 为某一类型景观的总廊道长度，Ai 为景观的总面积	单位面积的廊道长度，反映斑块间的连接性
渗透度	平均周长面积比	$$PARA\_MN = \dfrac{1}{m}\sum_{k=1}^{m}\dfrac{E_k}{A_k}$$ E 为斑块周长，A 为斑块面积	PARA_MN是所有斑块周长与面积比值的平均数。描述斑块的形状指标，表达斑块形状的复杂程度，同时与边缘效应相关
渗透度	平均斑块分维数	$$FRAC = \dfrac{2\ln(0.25 p_{ij})}{\ln(a_{ij})}$$ $FRAC$ 表示分维数（Fractal dimension index），P 为斑块周长，a 为斑块面积	平均斑块分维数的理论值范围为1.0～2.0，1.0代表形状最简单的正方形周边，2.0代表同等面积下边界最为复杂的斑块周边。其值大，说明斑块边界不规则；其值小，说明边界规整，受人类活动干扰严重

4.2.3 城市绿地景观格局的分析结果

1. 绿地面积及其结构

徐州市城市绿地景观面积及构成见表4.2-3、图4.2-2、图4.2-3。

表4.2-3 徐州市城市绿地景观类型构成 （hm^2）

绿地类型		鼓楼区	泉山区	云龙区	铜山区	合计
公园绿地	CA	403.05	1291.41	594.57	125.67	2414.7
	%LAND（%）	12.20	55.86	28.46	7.97	26.01
生产绿地	CA	81.65	26.52	53.41	0	161.58
	%LAND（%）	2.48	1.15	2.56	0	1.74

（续）

绿地类型		鼓楼区	泉山区	云龙区	铜山区	合计
防护绿地	CA	919.14	175.16	557.42	248.66	1900.38
	%LAND（%）	27.81	7.58	26.68	15.76	20.47
道路绿地	CA	234.11	59.51	200.84	85.09	579.55
	%LAND（%）	7.08	2.57	9.61	5.39	6.24
单位、居住区绿地	CA	1533.75	680.31	599.10	259.88	3073.04
	%LAND（%）	46.41	29.42	28.68	16.47	33.10
其他绿地	CA	133.2	79.06	83.58	858.94	1154.78
	%LAND（%）	4.02	3.42	4.01	54.41	12.44
总计	CA	3403.9	2311.97	2088.92	1578.24	9284.03
	%LAND（%）	100	100	100	100	100
绿地率（%）		38.74	42.89	42.72	39.67	40.74

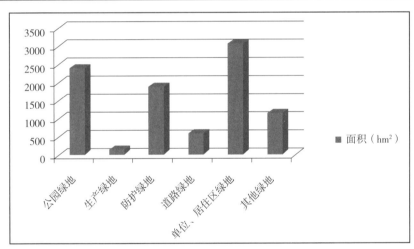

图4.2-2　徐州市城市绿地景观面积分布图

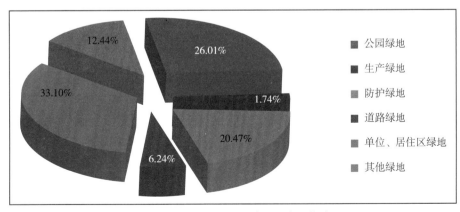

图4.2-3　徐州市城市绿地景观类型构成图

分析表4.2-3、图4.2-2，图4.2-3可以看出，2014年徐州市中心城区绿地总面积为9284.03hm^2，绿地率为40.74%，各区的绿地率从大到小依次为泉山区42.89%，云龙区42.72%，铜山区39.67%，鼓楼区38.74%。

从绿地类型的构成看，各类绿地差异明显。单位、居住区绿地、公园绿地、防护绿地三类绿地之和占了总面积的79.58%，其他3类绿地仅占到20.42%。

单位、居住区绿地面积为3073.04hm^2，占绿地总面积的33.10%，客观上是由于单位、居住区用地在城市建设用地中所占比例较高，更重要的原因是环境意识的提高和人们对美好生活环境的追求，推动了单位、居住区绿地的快速发展，同时为推动单位、居住区绿地建设，徐州市先后制定了单位、居住区绿化标准和审批制度，从规划设计、竣工验收到管理各个环节严格把关，有效保证了单位、居住区绿地的数量增长和质量的提升。

公园绿地面积2414.7hm^2，占绿地面积的26.01%，一方面得益于徐州市得天独厚的自然条件，依托丰富的山水资源优势，相继建成云龙湖风景区、大龙湖景区、金龙湖景区、泉山森林公园、故黄河风光带等一批以自然山水为主要景观的公园；另一方面得益于徐州市政府近年来极为重视城市公园绿地建设，将其作为"服务于民"的重点工程，在建设了许多大型公园绿地的同时，结合棚户区和城中村改造，按照"市民出行500m就有一块5000m^{2}以上的公园绿地"的标准，建设了一大批街旁绿地，形成了"一核多心、点面均布，主题丰富"的公园绿地系统，提高了公园绿地的可达性。

防护绿地面积1900.38hm^2，占绿地面积的20.47%，主要是由于生态园林城市建设重视绿地生态功能，促进了防护绿地建设，同时伴随着城市建设用地范围的扩大，原有的部分其他绿地转变为防护绿地也是其增加的原因之一。

道路绿地比例低，是由于徐州市除新城区、经济开发区等近年来新建、改扩建的道路外，大多数道路尤其是老城区，受用地条件制约，绿化较差，加上为缓解交通压力，部分原来的道路绿带改建为慢车道或人行道，绿地率不仅没有提高反而有所下降，在今后的绿地景观规划和建设中，应加大道路绿地建设力度。

生产绿地仅占绿地总面积的1.74%，主要是由于生产绿地逐步向城郊迁移，导致生产绿地面积减小。

分析各区的绿地景观类型组成，差异较大。泉山区公园绿地面积占了绿地总面积的55.86%，道路绿地仅占了2.57%，绿地比例差异明显。公园绿地面积比例高，得益于泉山区优越的自然条件，建设有云龙湖风景区、泉山森林公园、彭祖园等大型公园绿地；鼓楼区、铜山区的公园绿地分别仅占了绿地总面积的12.20%、7.97%，说明这两个区的公园绿地不足，今后应加大公园绿地建设力度，提高公园绿地比例。铜山区的绿地构成中，其他绿地占绝对优势，占了绿地总面积的54.41%，绿地景观类型结构不合理，今后应积极创造条件，利用丰富的山体资源，结合城市空间布局，将部分其他绿地改建为公园绿地和防护绿地，即可优化绿地景观结构，又可丰富城市绿地的功能，还可解决城市公园绿地建设用地的不足。

2. 景观多样性特征

徐州市城市绿地景观的多样性见表4.2-4、图4.2-4。

表4.2-4　徐州市城市绿地景观多样性

指标	鼓楼区	泉山区	云龙区	铜山区	全市
SHDI	1.3588	1.1325	1.4988	1.2988	1.5147
D	0.4330	0.6953	0.2930	0.4930	0.2771
SHEI	0.7584	0.6321	0.8364	0.7249	0.8453

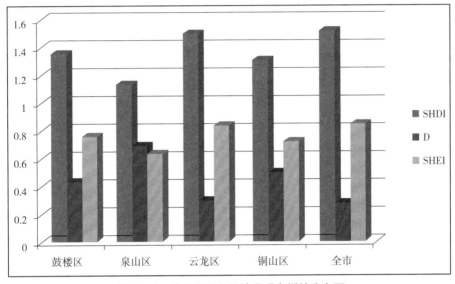

图4.2-4　徐州市城市绿地景观多样性分布图

分析表4.2-4，图4.2-4可以看出，徐州城市绿地景观多样性指数为1.5147，说明徐州城市绿地景观类型齐全，各类绿地景观面积差异较大。

在城市中心区的各行政区中，云龙区、鼓楼区、铜山区、泉山区的景观多样性指数依次为1.4988、1.3588、1.2988和1.1325，相差较大，说明这四个区的绿地景观类型多样性特征有较明显差异。云龙区景观多样性指数最高，说明该区绿地景观类型齐全，各类绿地面积比较均衡；泉山区的景观多样性指数最低，为1.1325，说明该区各类绿地面积差异最大，绿地景观面积分布最不均匀；铜山区的景观多样性指数仅高于泉山区，说明铜山区的绿地景观类型差异也较大。

景观优势度计算结果表明，徐州市城市绿地的景观优势度指数为0.2771，说明绿地类型的面积分布不平衡，某一绿地类型占了较大优势。景观优势度指数最高的是泉山区，景观优势度指数为0.6593，说明该区绿地景观受某一种景观类型控制，绿地景观类型面积分布很不平衡，云龙区的优势度指数最低，说明云龙区没有明显的优势绿地景观。

景观类型的均匀度也反映了同样的变化。徐州市城市绿地的景观均匀度指数为0.8453，说明绿地景观类型分布有一定的不均匀性。均匀度指数最高的是云龙区，为0.8364，说明该区绿地类型分布相对均匀，最低的是泉山区，为0.6321，说明该区绿地景观类型分布最不均匀。

3. 斑块特征

徐州市城市绿地的斑块特征见表4.2-5。

表4.2-5　徐州市城市绿地景观斑块特征

绿地类型	斑块特征	鼓楼区	泉山区	云龙区	铜山区	全市
公园绿地	斑块平均面积（hm²）	5.45	5.66	5.51	5.71	5.57
	斑块密度（个·hm⁻²）	0.18	0.18	0.18	0.18	0.18
生产绿地	斑块平均面积（hm²）	3.56	3.32	3.56		3.44
	斑块密度（个·hm⁻²）	0.29	0.30	0.28		0.29
防护绿地	斑块平均面积（hm²）	11.78	5.75	11.37	4.78	9.05
	斑块密度（个·hm⁻²）	0.08	0.18	0.09	0.21	0.11
道路绿地	斑块平均面积（hm²）	0.07	0.07	0.07	0.06	0.07
	斑块密度（个·hm⁻²）	14.99	14.77	15.29	16.67	15.14
单位、居住区绿地	斑块平均面积（hm²）	0.3	0.22	0.23	0.21	0.25
	斑块密度（个·hm⁻²）	3.32	4.48	4.43	4.76	3.92
其他绿地	斑块平均面积（hm²）	22.2	39.53	27.86	20.95	22.21
	斑块密度（个·hm⁻²）	0.05	0.03	0.04	0.05	0.05
各类绿地平均	斑块平均面积（hm²）	0.37	0.6	0.34	0.54	0.4
	斑块密度（个·hm⁻²）	2.68	1.66	2.91	1.85	2.45

（1）斑块面积

斑块面积的大小不仅影响物种的分布和生物生产力水平，而且影响能量和养分的分布。通常，斑块中能量和矿质养分的总量与其面积成正比，即大的斑块含有的能量和矿质养分比小的斑块多，物种的多样性和生产力水平也随着面积的增大而增加。理论上，斑块面积增加10倍，其物种数增加约2倍；面积增加100倍，物种数约增加4倍，即斑块面积每增加10倍，所含的物种数量呈2的幂函数增加，2为平均值，其数值通常在1.4～3.0之间。

就徐州市城市绿地景观而言，平均斑块面积最大的是其他绿地，这是由于其他绿地大多为风景林地，成片分布所致；其次是防护绿地，平均斑块面积为9.05hm²，说明在近年的防护绿地建设中，注重绿地生态功能的发挥，将原先零散分布的绿地小斑块逐渐连接起来，形成中型和大型绿地斑块，同时原有的大斑块其他绿地随着中心城区范围的扩大转变为防护绿地也有助于斑块平均面积的增加，由此显著提升了防护绿地的生态功能。

平均斑块面积最小的是道路绿地，平均斑块面积只有0.07hm²，说明道路绿地绿化质量较低，生态效益不显著，究其原因是道路绿化空间不足，尤其是老城区，道路网密度高，导致绿地分布分散，斑块面积偏小。

就各区而言，平均斑块面积从大到小依次为泉山区、铜山区、鼓楼区、云龙区，泉山区的平均斑块面积居首位，说明泉山区的城市绿地景观质量良好，绿地综合效益居全市首位。究其原因，泉山区是徐州市区自然条件最好的区域，区内集中了云龙湖、泉山等大片自然山体、水体，绿化基础好，近年来又在原有基础上加大城市绿化建设力度，提高了绿地建设质量。铜山区的平均斑块面积居第二位，一方面由于铜山区的绿地组成中，其他绿地比例高，而其他绿地多为风景林地，大多成片分布，另一方面是铜山区近年新建的绿地如无名山公园、楚河风光带、娇山湖景区等质量良好。云龙区斑块平均面积小，主要是由于该区小斑块的道路绿地比例高于其他区，同时该区部分位于市中心区，绿化空间不足。

（2）斑块破碎度

斑块的破碎化与人类活动密切相关，与景观格局、功能及过程等密切联系，同时与物种多样性的分布互为依存。一般来说，生物的生存都需要一定的空间范围，然而随着城市化的加剧，绿地景观不断遭到蚕食和分割，破碎化日益严重，绿地斑块面积不断缩小，同时适合城市生物生活的环境也在减少，不仅影响城市绿地景观风貌，而且不利于城市生物多样性保护。斑块的破碎化程度通过斑块密度来分析。

分析表4.2-5可以看出，徐州市城市绿地景观的斑块密度以道路绿地最高，达15.14个/hm²，其次是单位、居住区绿地，为3.92个/hm²，说明道路绿地、单位、居住区绿地斑块破碎，这是由于道路绿地随城市道路的布局分布，斑块数量较多，面积较小，单位、居住区绿地大多分布在建筑物前后，绿地被建筑物、道路等所分割，绿地斑块"见缝插针"，造成斑块破碎。

就各区而言，斑块密度由小到小的排序为泉山区、铜山区、鼓楼区、云龙区，与平均斑块面积的排序相同，这也在另一角度说明在中心区各区中，泉山区景观破碎度低，生态效益良好。

4. 景观连接度分析

徐州市城市绿地的景观连接度通过平均邻近指数和斑块内聚力指数、廊道密度三个指标进行分析，具体见表4.2-6、图4.2-5。

表4.2-6　徐州市城市绿地景观的连接度指标

景观类型	连接度指标	鼓楼区	泉山区	云龙区	铜山区
公园绿地	CONTIG_MN	0.6473	0.6795	0.5997	0.6656
	COHESION	95.2178	97.9107	96.4744	97.4090
生产绿地	CONTIG_MN	0.7325	0.9615	0.9490	0
	COHESION	95.1412	98.0533	96.5221	0
防护绿地	CONTIG_MN	0.3714	0.3686	0.6356	0.2959
	COHESION	95.6503	93.7698	94.4991	95.5651
道路绿地	CONTIG_MN	0.1561	0.2417	0.2126	0.1067
	COHESION	92.3003	81.3843	87.0747	71.6085
单位、居住区绿地	CONTIG_MN	0.9279	0.8826	0.9050	0.9122
	COHESION	97.4475	97.0236	96.7896	98.4532
其他绿地	CONTIG_MN	0.9169	0.8952	0.9291	0.5539
	COHESION	98.6020	97.5676	97.3569	98.6840

（1）平均邻近指数分析

从平均邻近指数计算结果可以看出，在各类绿地中，单位、居住区绿地、其他绿地、生产绿地相对较高，说明这三类绿地聚集度较高；单位、居住区绿地虽然斑块破碎度高，但分布相对集中于特定范围内，距离较近；其他绿地多为风景林地，往往于山体集中分布；生产绿地数量少，为取得规模效益，客观上要求集中连片分布。道路绿地、防护绿地相对较小，说明这两类绿地分布分散。公园绿地的聚集程度处于中等水平，是由于公园绿地集中与分散相结合，公园绿地集中分布，有利于发挥公园绿地的综合效益，而分散分布又有利于公园的均匀化布局，满足市民就近活动的需要。

（2）斑块内聚力指数

斑块内聚力指数反映斑块的自然连通度。分析徐州城市绿地的斑块内聚力指数可以看出，除道路绿地外，徐州城市绿地景观的连通度均在93%以上，说明经过多年的建设，徐州市绿地之间的连通度明显提高，这种提高有益于绿地网络整体功能的发挥。道路绿地的景观连通度是6类绿地中最低的，主要是道路绿地斑块破碎度大，斑块散布所致。

就各区而言，景观连通度有明显差别。从平均邻近指数计算结果可以看出，公园绿地中，以泉山区聚集度最高，这主要是泉山区自然条件好，云龙湖周边区域绿化基础好，公园绿地集中分布所致；生产绿地也以泉山区聚集度最高，主要是泉山区仅分布有两片生产绿地，每个生产绿地都相对集中分布。防护绿地中，以云龙区聚集度最高，究其原因，云龙区的防护绿地分为两类，一类是山体防护林，多为集中分布，二是道路防护绿地多远离市中心，绿化条件良好，多沿道路两侧呈连续带状分布，这种集中分布有利于绿地防护功能的发挥。

（3）廊道密度分析

廊道是具有通道或屏障功能的线状或带状的景观要素，是联系斑块的重要桥梁和纽带，它在很大程度上影响着斑块间的连通性，进而影响着斑块间物种、营养物质和能量的交流。对于生物群体而言，廊道具有多重属性，概括起来，它在景观中起到5种作用：通道、隔离带、源、汇和栖息地。生态学家和保护生物学家普遍认为，廊道有利于物种的空间运动和本来孤立的斑块内物种的生存和延续，但廊道本身又是招引天敌进入安全庇护所的通道，给某些残遗物种带来灭顶之灾。

单位面积内的绿色廊道长度称为廊道密度指数。一般来说，廊道密度高低，可反映绿地斑块间的连接性，同时也从一个侧面反映了绿地景观格局的合理程度。

徐州市的绿色廊道主要由道路绿地廊道和河岸绿地廊道组成，由图4.2-5可以看出，2014年徐州市城市绿地的平均廊道密度为2.32km/km^2，而2004年徐州市的平均廊道密度只有1.12km/km^2，说明徐州市的绿地廊道密度在10年中增长了1倍多，显著提高了绿地的连接性，有效提升了绿地的生态功能。各区中，廊道密度居前两位的是云龙区和泉山区，其廊道密度分别为2.42km/km^2、2.37km/km^2，说明这两个区的绿色廊道分布较多，景观之间连接度相对较好；廊道密度指数最低的是铜山区，说明该区绿色廊道分布最少，在一定程度上影响了景观的连接度水平。

廊道的功能除了与廊道密度有关外，与其宽度也有密切关系。有关研究表明，廊道宽度大于12m时，才能有效发挥其生态功能，而据统计，徐州市区的绿色廊道中，宽度大于12m的廊道长度仅占廊道总长度的24.5%，宽度小于3m的占到24.9%，廊道宽度不够，在一定程度上影响了其功能的发挥。

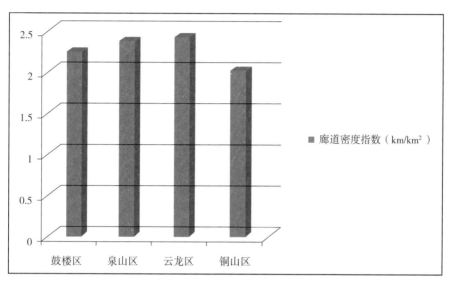

图4.2-5　徐州市城市绿地廊道密度指数分布图

5. 景观渗透度分析

徐州市城市绿地景观的渗透度通过平均周长面积比和平均斑块分维数进行分析，具体见表4.2-7。

表4.2-7　徐州市城市绿地景观平均周长面积比和平均斑块分维数

绿地类型	渗透度指标	鼓楼区	泉山区	云龙区	铜山区
公园绿地	PARA_MN	1250.55	1968.34	1458.13	1178.85
	FRA	1.1447	1.1073	1.1235	1.1234
生产绿地	PARA_MN	878.256	138.175	157.095	N
	FRAC	1.1397	1.0610	1.0106	0
防护绿地	PARA_MN	2260.43	2265.43	1244.65	2548.21
	FRAC	1.1404	1.1234	1.1833	1.1504
道路绿地	PARA_MN	3218.52	2725.65	2822.41	3425.41
	FRAC	1.0848	1.1272	1.0952	1.0374
单位、居住区绿地	PARA_MN	240.977	399.03	322.417	299.157
	FRAC	1.0525	1.0529	1.0462	1.0725
其他绿地	PARA_MN	282.114	373.847	244.56	1688.89
	FRAC	1.0754	1.0942	1.0554	1.0821

（1）平均周长面积比分析

平均周长面积比PARA_MN表达斑块形状的复杂程度，可理解为相同面积的斑块边缘长度对比，与边缘效应成正相关，以表达绿地斑块的渗透能力。该值的大小除受斑块边缘复杂程度的影响外，还受斑块的形状、面积等因素影响。

在各类绿地中，道路附属绿地的PARA_MN最高，说明道路绿地渗透度相对较高，在绿地建设中提高道路绿地建设质量可有效提高对周边环境的影响。

公园绿地中，泉山区的PARA_MN值最大，说明泉山区的公园绿地斑块渗透能力强，对周边环境影响较大。防护绿地中，鼓楼区、泉山区、铜山区的PARA_MN值差别不大，说明这三个区防护绿地的边缘效应相似，云龙区的PARA_MN值明显低于其他三个区，说明云龙区防护绿地的边缘效应低，渗透能力弱。单位、居住区绿地中，泉山区的PARA_MN值最大，说明泉山区单位、居住区绿地斑块的渗透能力强，对周边环境影响较大。其他绿地中，铜山区的PARA_MN值明显高于其他三个区，说明铜山区其他绿地的边缘效应高，对周围环境的渗透能力强。生产绿地和道路绿地中，泉山区的PARA_MN值均低于其他三个区，说明泉山区生产绿地和道路绿地的渗透能力弱。

综上所述，泉山区的公园绿地和单位、居住区附属绿地的PARA_MN值均高于其他三个区，公园绿地高，主要由于云龙湖风景区的自然景观资源呈现出较自然的形状边界，从而表现出较强的生态、经济、社会、文化功能渗透，而生产绿地和道路绿地的PARA_MN值均低于其他三个区，说明该区生产绿地和道路绿地的渗透能力弱。铜山区的防护绿地、道路绿地和其他绿地的PARA_MN值均明显高于其他三个区，说明铜山区这三类绿地的边缘效应和渗透能力强。鼓楼区的生产绿地PARA_MN值居各区之首，说明鼓楼区生产绿地的边缘效应强，对周边环境影响较大。与其他三个区相比，云龙区各类绿地斑块的PARA_MN值均较低，说明该区绿地形态较为规整，边缘效应较差。

（2）平均斑块分维数分析

平均斑块分维数表示具有不规则形状对象的复杂性，可以用来测定斑块形状的复杂程度。斑块分维数越高，表明斑块边界越复杂，具有复杂边界的斑块与周围的联系更为密切。根据形状与功能的一般性原理，紧密型形状有利于保蓄能量、养分和增加生物多样性，而松散型形状易于促进斑块内部与外围环境的相互作用，尤其是能量、养分和生物方面的交换。

分析表4.2-7可以看出，徐州市城市绿地景观的分维数普遍较低，都在1.2以下，这主要是由于城市绿地景观受人为干扰大，绿地规划设计模式化，更多地考虑景观需要，斑块较规则，斑块形状简单所致。绿地斑块的分维数普遍较低，不利于城市生物多样性的维护和建立。因此，在绿地景观生态规划中，应考虑打破城市道路、建设用地等的硬性边界限制，形成水绿交融的绿地交织模式，增加边界形状的复杂程度，注重绿地空间向周边用地的功能渗透。

4.2.4 城市绿地景观格局的总体评价与展望

综合分析徐州市区2014年城市绿地景观的结构和格局特征可知，近年来，徐州市以建设国家生态园林城市为抓手，坚持生态优先发展理念，依托城市山水景观资源，通过生态修复和建设、拓展"沿河、沿路"空间建设绿色廊道、均衡公园绿地布局等途径，初步形成了"青山翠拥，碧水穿流，湖城相映"的良好城市绿地景观格局，绿地空间整体较好，主要表现为以下特征：

（1）绿量丰富，绿地总面积为9284.03hm²，绿地率达到40.74%。公园绿地经过多年建设，初步形成了"一核多心、点面均布，主题丰富"较为完善的公园体系，单位、居住区附属绿地的面积有了较大提高，防护绿地建设成绩显著，但道路绿地比例偏低，新建道路绿化较好，形式丰富，老城区道路绿化结构较为简单，绿量不足。

（2）绿地斑块面积总体在不断上升，斑块破碎度有所下降，有利于生态效益的发挥，但道路绿地由于用地分割等原因，斑块破碎化问题较为严重，老城区尤为突出。

（3）城市绿地已由过去的集中于云龙湖风景名胜区和几个市级综合公园发展到初步形成点线面结合的网络化绿地空间布局，绿地整体连接度提高。就区域而言，整个中心城区西南部片区的连接度较高，北部区域连接度相对较低，老城区绿化空间不足，斑块连接度更低。

（4）绿地的形状较为规则，边缘效应水平总体不高，道路绿地的渗透优势相对较高，可考虑利用道路绿地实现与其他类型绿地的景观与功能连通。

（5）绿地空间分布不平衡现象依然存在。中心城区西南部和新城区绿地类型丰富，绿地多，市民便于到达，而北部及东部绿地较少，除九龙湖公园、金龙湖公园等几个大型生态公园外，社区公园、街旁绿地、附属绿地等类型较少，绿地斑块分布稀疏，可达性差，同时也影响了绿地网络在城市空间中综合效益的发挥。

（6）廊道密度显著增加，有效加强了绿地斑块之间的联系，促进了城市生态系统的稳定，但廊道宽度不足，重要的交通廊道和河道水系廊道两侧等尚未建起足够宽度的绿带，廊道的连接功能和防护功能发挥不足。

徐州市中心城区内各区的绿地景观特征也各有不同。泉山区依托得天独厚的山水资源和地理优势，绿量最为丰富，绿地率居各区之首，斑块平均面积大，破碎度低，公园绿地优势明显，其斑块聚集度、渗透度均高于其他区，但绿地景观类型分布不均匀，公园绿地占比高，道路绿地等不足；云龙区的绿地率居各区第二，绿地景观类型分布均匀度居各区之首，斑块丰富度和多样性较高，防护绿地的聚集度、连接度高于其他区，有利于防护功能的发挥，但绿地分布不均匀，北部与南部差异明显，大龙湖、顺堤河沿岸绿地发展较好，分布集中，北部绿地斑块较为分散，有待优化。铜山区的绿地率居各区第三，绿地类型分布不均匀，其他绿地占比高，优势明显，公园绿地、道路绿地不足，廊道密度有待提高，斑块平均面积和破碎度尚可；鼓楼区的绿地率相对较低，绿地景观类型构成处于一般水平，公园绿地比例偏低，绿地分布差异明显，经济开发区的金龙湖周边、道路绿地景观良好，老城区中故黄河、丁万河等水系周边绿地斑块也较为丰富，廊道密度高，但其他区域绿量较少，且斑块破碎，分布较为分散。

为进一步优化徐州市城市绿地景观的结构和布局，提升绿地系统综合功能，在未来的城市绿地景观建设中，应进一步发挥其自然生态优势，在现有发展较好的区域保护优化，现有薄弱地区挖潜增绿，保护与发展并行。针对斑块形状规则、部分景观类型破碎度高的现状，应合理规划绿地斑块的大小、形状、宽度、空间排列方式，打破传统的矩形绿地模式，同时依托发达的水网结构和道路，采用对现有滨水绿带和道路绿地局部扩宽、现有廊道边缘加宽的策略，建设高质量的滨水景观带和道路绿带，从核心区域到缓冲区域到影响区域，逐步提高道路的连接度，实现绿地景观的延伸；针对景观破碎、生态渗透能力低的现状绿地，可采用保存核心区域、加强边缘保护、增加周边绿化等措施，提高核心斑块的生态渗透功能；加强中心城区北部及东部地区的绿地建设，根据区域的人口密集程度增设社区公园、街旁绿地、居住区绿地等，均衡绿地布局，满足市民对绿地的服务需求与便捷可达性，以促进绿地空间格局、生态过程与功能效益的同步优化。

泉山区应针对绿地类型分布不均的现状，加大道路绿地等的建设，积极创造条件，提高道路绿地的数量和质量，促进区域绿地格局的进一步优化；云龙区应针对北部和老城区绿量少、景观破碎度高的现状，加强北部和老城区绿地建设力度，并通过沿河、沿路绿地的建设连通南北绿地；铜山区应加大公园绿地建设力度，积极创造条件，将其他绿地改建为公园绿地，提高绿地景观类型均匀度，同时加强"沿河、沿路"的绿色廊道建设，提升景观连接度；鼓楼区应持续加大绿地建设力度，增加城市绿量，建设九里山古战场公园等大型公园绿地，提高公园绿地比例，针对老城区绿地破碎化现状，考虑到很难实现绿地的直接连接，可通过单位、居住区的立体绿化等途径实现附属绿地内的景观连通；道路之间的生态水体建设形成连通的绿色廊道，以提高整体的景观连接度。

城市绿地景观结构和格局是城市景观风貌的空间形式，在徐州市城市绿地景观结构和格局分析的基础上，探寻合理的发展途径，可更好地引导城市绿地景观的合理布局，营造徐州市区"山城相拥，湖城相映，碧水穿城、人文荟萃、山水城林融为一体"的景观特色，打造自然生态、结构合理、格局科学的城市绿地景观风貌。

第 5 章 ‖ 徐州市城市绿地景观风貌特色提升对策

城市绿地景观资源是城市绿地景观风貌营建的基础。在城市绿地景观风貌营建中，不同级别的景观资源发挥着不同的作用。作为城市的标志性景观资源，应成为确定城市绿地景观风貌定位和景观结构、格局的基础，绿地景观的定位、结构和格局应充分体现城市标志性景观资源的特色。二级景观资源主要用于城市绿地景观风貌系统和风貌要素的控制引导，包括风貌带和大型公园绿地等；三级景观资源则主要体现于中小型绿地或景观元素如山、水、植物、建筑中。

城市绿地景观资源在城市绿地景观风貌营建中的利用现状分析

5.1.1 标志性景观资源的利用现状

徐州市的标志性绿地景观资源为"山水格局"、"楚汉文化"，在城市绿地系统规划中，力求顺应自然，体现其自然肌理，保护自然山川形胜，维护和强化山水格局的连续性，通过绿地布局强化城市独具魅力的空间特征；在城市绿地景观建设中，注重营造"青山翠拥，碧水穿流，湖城相映，恢弘大气"的城市绿地景观格局，"山水格局"在城市绿地景观风貌营建中得到良好的体现，也成为徐州城市绿地景观的靓丽名片。但在山体资源的利用方面，虽然通过"荒山绿化"等工程的实施，万亩荒山披上绿装，但仍存在着山林的林相、季相单一、山体之间生态联系不够、山体公园的功能、景观雷同等问题；在水体资源的利用方面，京杭大运河丰富的景观资源尚未得到应有的重视，部分河道两侧的防护绿地薄弱、景观单一，带状公园的建设水平参差不一等问题依然存在，影响了作为城市重要景观廊道的滨水绿带的整体风貌。

"楚汉文化"作为徐州的标志性文化景观资源，在城市绿地景观风貌营造中得到了较好体现，展现了厚重清越的楚风汉韵，呈现出鲜明独特的地域文脉特色，但对于丰富的"楚汉文化"资源而言，尚有保护和开发利用的空间，如对环绕主城区的汉代墓葬群的保护和利用还缺乏统一规划，对楚文化的重要遗存西楚故宫、霸王楼等景观资源尚未充分利用。

5.1.2 特色景观资源的利用现状

随着潘安湖、九里湖采煤塌陷地的生态修复和湿地公园建设，徐州采煤塌陷地修复景观作为"生态修复的典范"，成为徐州的特色生态名片，目前，徐州采煤塌陷地的生态修复工作仍在紧锣密鼓地进行，桃花源湿地、泉润公园等一系列采煤塌陷地生态修复工程正在规划建设中，但比较这些生态修复工程的规划和建设，在一定程度上存在着特色不突出、景观城市化、自然生态性不足等问题。

5.1.3 二级景观资源的利用现状

植物景观资源：乡土植物是彰显城市绿地景观风貌特色的重要组成部分。在徐州市城市绿地景观营建中，乡土植物占70%以上，彰显了植物景观的地域特色，但仍存在以下问题：一是乡土植物的应用尚有巨大潜力。徐州市的森林植物中，木本植物和草本植物共计749种，而应用于城市园林绿化中的仅有200余种，大量适应性好、生态功能强、景观效果好的植物有待开发利用；二是植物应用集中在少数的科、属、种，如银杏、栾树、紫叶李、紫薇、柳树、石榴、石楠、朴树、榉树等植物在各类绿地中的应用频率在50%以上，而大量种类的植物如臭椿、刺槐、棠梨、木芙蓉、青檀、梓树、皂荚等树种的应用频率均低于20%，有的植物种类仅在个别公园中偶尔出现，造成了植物景观的雷同；三是植物的应用与地方历史文化结合尚有潜力可挖，徐州历史悠久，苏轼、白居易等文豪及一批文人墨客都曾给徐州留下众多诗词歌赋，在他们笔下，不仅有浓郁的人文情怀，还有如画的徐州乡土植物景观，如苏东坡笔下的"荠麦余春雪，樱桃落晚风……"，在徐州植物景观营造中，可以融入徐州本土的人文意象去触发"乡愁"，凸显城市特质；四是植物文化的知名度和影响力不足，缺乏大型的植物观赏专类园，云龙山的十里杏花、彭祖园的樱花园、龟山的探梅园等植物专类园，虽然已有一定规模，每年会举办相应的赏花活动，但规模不大，影响力基本限于徐州市区。

战争文化资源：作为历史上的"兵家必争之地"，徐州不仅有大量的战争遗迹，还有浓郁的战争文化，但在城市绿地景观营建中，对战争文化资源的利用主要集中在淮海战役烈士纪念塔，其他的战争文化资源如著名的九里山古战场遗迹、丰富的战争文化尚未得到充分挖掘和利用。

彭祖文化：以彭祖园为中心，对彭祖文化做了较多的阐释，但对其深层次的内涵挖掘不够，如养生文化。彭祖园的园中园徐州动物园与公园文化主题格格不入。

运河文化：京杭运河作为流动的文脉，承载着千余年的文化积淀。江苏境内大运河全长690km，流经徐州、宿迁、淮安、扬州、镇江、常州、无锡、苏州等8个地级市，是中国大运河河道最长、文化遗存最多、保存状况最好和利用率最高的省份。徐州作为京杭运河的重要节点城市，也有着丰富的历史文化遗存和深厚的运河文化，但徐州无论是城市景观建设还是城市绿地景观建设，都缺乏对这一珍贵资源的保护和利用。

苏轼文化：徐州市城市绿地景观建设中，对苏轼文化的利用主要集中在云龙湖风景区和故黄河风光带，尤其以云龙湖风景区最为集中。云龙山的放鹤亭、饮鹤泉、东坡石床、云龙湖的苏公塔、苏公岛……，不仅丰富了徐州城市绿地的文化内涵，更打造了颇具特色的绿地景观，同时也展示了徐州丰富的苏轼文化资源。在今后城市绿地的景观营建中，应进一步挖掘其文化内涵，如其"为官一任、造福一方、与民同乐"的执政理念，蕴含于诗词歌赋中的山水文化等。

历史文化街区和文物建筑：近年来，徐州市政府在深厚的历史文化资源基础上，以《徐州市历史文化名城保护规划》为指导，在古城格局和历史文化街区的保护利用方面取得不俗成绩。主要包括：① 保护历史文化主轴线两侧现存的古迹：黄楼、牌楼、鼓楼、吴亚鲁革命活动旧址、崔焘故居、念佛堂、土山汉墓等；② 保护徐州老城城墙、护城河及护城石堤，结合城墙遗址的保护与城门的修复，强化古城城址轮廓；③ 控制古城区建筑高度，疏解建筑密度，保护历史风貌；④ 保护历史文化街巷的原有格局和建筑。但城市园林绿地景观的营建中对这些因素考虑不足。

废弃采石场：废弃采石场是徐州的城市伤疤，在为徐州城市景观的营建提出了挑战的同时又为其特色景观的营造提供了机遇。徐州市废弃采石场的生态修复成就显著，今后的废弃采石场生态修复中，应因地制宜，充分考虑场地与区域环境，采用多样的修复方法，注重特色打造，避免景观雷同。

5.1.4　三级景观资源的利用现状

徐州市的三级景观资源中，宗教文化主要集中在云龙湖风景区，如云龙山的兴化寺和以道教文化为主题的云龙湖珠山景区，此外还有经济开发区的宝莲寺公园、云龙区的竹林寺等；名人文化主要集中于彭祖园的名人馆、名人园、云龙湖的市民广场；表演艺术类文化和民俗文化仅在一些公园的景观小品中有所体现，如云龙公园的余姚雕塑、市民广场的民俗小品等；珠山景区的"好人园"，体现了徐州"有情有义"的城市精神，故黄河畔的"五省通衢"牌坊，彰显了徐州"五省通衢"的交通地位，但这些表现与徐州丰富的景观资源不匹配，需进一步提炼彰显。

为满足"居民每出行500m就有一块5000m²的绿地"的需求，徐州先后建设了众多的街旁绿地，构建了功能完善、分布均衡、便民利民的公园绿地系统，但在街旁绿地的建设中，往往更多地强调其功能性，对其景观性、文化性未作整体的统一的规划，导致同一地段、甚至相邻的街旁绿地在风格、特色上大相径庭，更不用说与所在片区、景观轴之间的协调了，结果形成一个个相对孤立的"园"，而另一方面，丰富的景观资源却尚未得到挖掘和利用，为此建议将三级景观资源中的名人文化、表演艺术类文化、民俗文化、城市精神等提炼出来，结合城市不同地段的历史文化发展特征，建设几条颇具特色的城市绿地特色景观文化轴，采用以带串点的方式，用其将沿线中小型公园的主题、特色统一起来，这样既可展现城市的文化特色，又使孤立布置的"百园"相互呼应。

综上所述，徐州市在城市绿地景观风貌的营建过程中，作为标志资源的山水格局、楚汉文化和作为特色资源的采煤塌陷地资源应用较好，奠定了徐州城市绿地景观风貌的基础，二级景观资源中，战争文化、彭祖文化、运河文化应用不足，尤其是运河文化，三级景观资源中，除宗教文化外，民间表演类文化、民俗文化等利用严重不足。

5.2　城市绿地景观风貌特色提升对策

5.2.1　提升原则

1. 地域性原则

每个城市都有自己的个性和特色，展示每个城市的特色，自然是基础，文化是灵魂。城市园林绿地景观作为城市景观的重要组成部分和城市形象的代表，在开发和建设中应突出自身的地域特色，通过丰富多样的形式，展示城市特有的风采和文化内涵，展现城市的气质和个性，体现出市民的精神素养和独特的地域文化。

2. 历史性原则

尊重历史，继承和保护历史遗产，同时考虑城市发展，对城市的历史演变、文化传统、居民心理、市民行为特征及价值取向等做出分析，取其精华，去其糟粕，并融入现代城市生活的新功能、新需要，形成新的城市文化和城市特色。

3. 和谐性原则

城市各种景观资源不是单独存在的，它们相互交织、融合，共同构成城市地域景观特征。在城市绿地景观风貌营建中，应注重人文景观与生态景观、历史与现代、静与动、多种表现形式的和谐结合。

4. 可持续原则

富有地域特色的景观资源是在漫长的发展过程中逐渐形成的，是不可再生的，只有得到有效保护，才能谈得上对其的永续利用。因此，城市绿地景观风貌的营建，要有长远的战略眼光，既要有利于景观资源的挖掘和利用，更要重视其保护问题。

5.2.2 提升对策

1. 标志性绿地景观资源的利用

布局结构是城市绿地系统的骨骼框架，最能体现城市的绿色空间特色，结合城市当地自然地理条件建设的绿地系统格局，可以使城市绿地网络与自然环境有机融合，因此，城市绿地景观格局应力求顺应自然，体现城市自然肌理，保持其自然的山川形胜，维护和强化山水格局的整体性和连续性，强化城市独具魅力的空间特征。

文化是城市的根基，是城市的遗传基因，是与城市的内在本质相互关联、相互影响的背景。城市绿地景观建设，应直接吸纳、充实和延伸城市文化的精髓，感受城市文化的精神、魅力和感染力，以城市文化丰富城市绿地景观的内涵。

（1）山体景观资源的保护和利用

继续做好山体绿化工作，构建山体之间的生态廊道和视线走廊，加强山体之间生态、景观的联系，提升"青山翠拥，绿屏环绕"的山体风貌圈质量。

①有计划地持续对山林进行林相改造，实现绿色山林向多彩山林的华丽飞跃：在加强现有山林保育的基础上，对林相不佳的山体持续进行有计划的林相改造，林相改造应以乡土阔叶树种为主，增加色叶树种的应用，实现绿色山林向多彩山林的华丽飞跃；不同山体建议选用不同的骨干树种，这样在提高景观稳定性的同时，每个山体也有了自己的特殊植物景观，徐州的山体景观也能更加丰富起来。

②继续加大山体公园建设力度，丰富山体功能：实施山体公园建设工程，将以防护功能为主的山林逐步建设为功能丰富的公园绿地，在丰富山林景观的同时，提升山林的综合服务功能，使其不仅成为城市的绿色屏障，同时又是城市自然文化特色的展示场所，市民休闲游乐的幸福乐园。山体公园规划建设中，应科学组织规划，做到"一山一特色"，如利用九里山古战场的优势，建设成以"战争文化"为特色的战争文化主题公园，泰山山体公

园在现有基础上增加景区景点，凸显宗教文化，吕梁山以"山水迤逦、田园阡陌"为特征，打造为城区居民休闲、度假为主要功能的徐州后花园。

（2）水体景观资源的保护和利用

京杭运河和故黄河是徐州山水格局形成和发展的动脉，在数千年的历史进程中，它们逐渐由纯自然资源演变为自然—人文资源，孕育出底蕴深厚的徐州地方文明。京杭运河和故黄河景观带应以运河文化、黄河文化为主题，以生态绿带、文化长廊、休闲胜地为目标，打造为反映徐州文化成长环境和发展史的"历史文化长廊"。

①京杭大运河风光带：作为"徐州文化的生长环境"，在发掘其历史文化价值，加强全流域山水格局和文物保护的基础上，做好以下工作：一是挖掘运河文化和漕运历史，弘扬运河人文精神，将大运河塑造成"文化之河、活力之河、休闲之河、魅力之河"；二是以"水"为脉，以"河"为轴，以"绿"为廊，拓宽两岸大堤，开发主航道两侧河滩，构建绿地、湿地连绵、水陆一体的滨水空间新格局；三是重视滨水空间的营造，在滨水地区设置具有休闲、娱乐、文化展示等功能的设施，充分彰显沿河景观与地方历史文化的融合，突出具有地域特点的沿河景观特征和建筑形态，营造一个让市民浸润文化、欣赏风景、享受生活的城市滨水空间，让百姓"想水、爱水、亲水"；四是沿河建设多个专类公园，提供不同主题活动区，主要建设内容包括大运河文化遗产公园、运河广场、运河文化艺术馆、休闲娱乐区、滨水休闲街等，为游客提供游览、休闲、运动、文化活动等设施，满足游客多方面的需求；五是在不同地段，结合主题布置相应的主题性雕塑、小品等，反映京杭大运河的发展史。

②故黄河风光带：三环西路至汉桥段加强现有景区景点的保护，维护周边环境，同时积极创造条件进行提升改造，如在"五省通衢"牌坊周边增加绿化设计，提升其景观价值；在"汴泗交汇"石碑临街处增加开敞空间，突出碑体的历史价值；对文化浮雕墙分布区结合场地现状设置亲水平台，提高吸引力。上游的湿地公园至三环西路段定位为生态气息浓厚、充满自然野趣的、集生态、景观、体验为一体的城市郊野景观带，植物以乡土湿生、水生植物为主，营造"落霞与孤鹜齐飞，秋水共长天一色"的景观特色。下游的汉桥至六堡水库段地处新城区，以现代生活、运动休闲、生态宜居为主要特色，打造以休闲度假、康体运动、都市现代生态农业等产品为主导特色的新都市休闲风光带，将自然风景与城市文化和谐地融于一体，展现故黄河的自然生态文化。

③其他滨水绿地景观：玉带河风光带作为云龙湖风景区的重要组成部分，以自然气息浓郁的生态湿地和田园风光为主要景观特色，建设沿河水上游览、湿地休闲度假、滨水休闲景观，丰富游赏和服务功能，打造水上观光旅游带。沿奎河、丁万河、三八河、徐运新河、房亭河、荆马河等河流两侧的滨水绿带，在现有基础上充实完善提高，增加宽度，加强与周边环境的融合和渗透，提高其生态渗透功能和生态影响力；结合周边用地现状和历史文化特征，建设特色各异的滨水风光带。

（3）"楚汉文化"资源的保护和利用

"楚汉文化"是徐州的标志性历史文化资源，城市绿地景观营造中应持续注重楚汉特色文化园的营造，集中展现徐州的历史文化特色。为此，在对现有的汉文化景区、龟山汉墓景区、戏马台景区充实完善的基础上，应对环绕主城区的汉代墓葬群进行统一规划，建设汉文化系列公园；恢复西楚故宫、霸王楼景观，提升完善子房山公园，充分展示徐州历史文化特色，同时增加城市绿地景观的文化底蕴。

龟山汉墓景区：以襄王路为汉文化景观轴，将九里山古战场公园、楚园、龟山汉墓景区、徐州汉城等景区、景点串联起来，再现汉代生活场景，增加参与性内容，让游客深入其中，体验楚汉文化魅力，形成徐州汉文化的集中展示区和体验区。

汉文化景区：在现有景观的基础上，建设国家考古遗址公园，进一步挖掘汉文化内涵，成为游客了解徐州汉文化的窗口，汉文化研究者和爱好者的研学之地。

戏马台景区：在戏马台南部山体恢复以西楚故宫、霸王楼为中心的楚文化景区，不但可以重振徐州五大名楼的美誉，体现"楚风汉韵"古彭城之魅力，而且还可以有效带动和利用户部山诸多文化景点，形成徐州独特的楚文化遗址景区。

子房山公园：充分利用子房山森林资源丰富、自然风貌独特的优势和历史文化遗存，对子房祠、黄石公祠遗址、东山寺、吹箫岭等景观完善提升，再现"张良吹箫散楚兵"的历史场景，使"子房箫声"成为千百年来征战厮杀、以计退敌的绝唱，成为军事战争史上首次在战术上使用心理战术成功的范例，同时丰富徐州的楚汉文化内涵。

此外，龟山汉墓景区和汉文化景区周边的道路景观、街旁绿地，城市家具等，以楚汉文化为主题，充分挖掘其文化内涵，使景区内外浑然一体，营造浓厚的文化氛围，同时也成为市区重要的楚汉文化景观轴。

2. 特色景观资源的利用

对采煤塌陷地资源进行进一步调查，对其现有塌陷深度及发展趋势进行预测，在此基础上，根据塌陷积水的面积、深度和区位等因素，梳理水系，改造地形，种植植物，构建人工湿地，实现塌陷地向生态绿地的转变。在采煤塌陷地的湿地公园规划建设中，应注意以下问题：一是贯彻自然、生态、可持续发展的规划设计理念，充分尊重废弃地现状和场地的地形地貌，开展多学科的综合交叉研究，尽可能保留湿地的原生态景观，凸显自然和野趣，尽量减少人工雕凿的痕迹，力戒建成城市公园；二是尽可能保留产业文化元素，如采煤过程中保留下来的大型煤矸石、坑道等，既向游人展示煤炭工业的发展历史，又能构成景区独特的文化景观符号；三是注重错位发展，一园一特色，如大黄山湿地公园在尽可能保留现有植物的基础上，以植物造景为主，提高乔木种植比例，建设为郊野型森林生态观光休闲养生基地；桃花源湿地公园着力营造陶渊明笔下"芳草鲜美，落英缤纷；土地平旷，屋舍俨然，有良田美池桑竹之属……"的世外桃源景观，打造"采菊东篱下，悠然见南山，远离尘世喧嚣"的休闲生活场所；泉润公园以"生命、健康"为主题，保护原生态湿地风貌，实现人与自然和谐共处，湿地景观与现代都市和谐共生，带给游人奇妙的湿地景观及健康之旅。

3. 二级景观资源的利用

（1）乡土植物资源的利用

乡土植物资源的利用中，一是挖掘乡土植物的潜力，增加乡土植物种类。徐州市的乡土植物资源中，尚有大量适应性和生态功能强、景观效果好的植物有待开发利用，因此应充分挖掘乡土植物潜力，开发利用更多观赏效果良好、适应性强的植物种类，丰富植物多样性和植物景观；二是提高优势树种以外的树种如臭椿、刺槐、棠梨、榆树、青檀等的应用频率，提升植物景观的丰富性；三是促进植物的应用与地方历史文化结合，通过查阅相关文献，收集与徐州历史文化相关的乡土植物景观资料，加强对乌桕、榆树、三角枫、五角枫、青桐等被赋予徐州地域人文情怀的原生乡土树种的利用，营造出地域文化浓郁的乡土景观，触发人们的"乡愁"；四是营造具有徐州特色的大型植物专类园，如提升现有紫薇园，增加文化内涵和宣传，提高徐州植物文化的知名度和影响力。

（2）战争文化资源的利用

①建设九里山古战场公园：对九里山山体进行生态修复，在此基础上充分利用其丰富的战争文化遗存，挖掘其丰富的战争文化内涵，以建设世界级的战争文化公园为目标，建设九里山古战场公园，通过多样的造景手法和现代化手段，展现楚汉相争的壮烈场景，展示军事文化的战略思想，如楚汉相争的"四面楚歌"、《孙子兵法》中的文韬武略，使游客身临其中，感受烽火年代的战争场景，领悟战略思想的奥妙，同时也成为战争文化研究者和爱好者的考察、研习之地。

②建设拉犁山军事文化主题公园：对现有的遗迹进行保护、开发，如利用拉犁山淮海战役指挥所、古战场烽火台等，建设以军事参与、军事攀岩、军事体育、军事娱乐等为主题的拉犁山军事文化主题公园，让游客在娱乐中亲身感受"兵家必争之地"的战争文化内涵。

③建设军事成语园：自古以来与徐州历代战争有关的成语典故比比皆是。"十面埋伏"、"楚汉相争"、"四面楚歌"、"破釜沉舟"等等，成为中华文化宝库中极为光彩照人的篇章。因此，可结合战争文化公园建设军事成语园，运用多种造景手法展现成语中的场景，寓教于乐，让市民和游客了解徐州在中国古代、现代战争史上的重要地位和丰富的战争文化底蕴。

（3）彭祖文化资源的利用

①整合彭祖文化历史遗存，打造彭祖文化徐州之根的品牌。建议尽快修整、复建、迁建与彭祖文化有关的历史遗存，如彭祖楼、彭祖墓、彭祖庙、彭祖井等，形成系统的彭祖文化组团。

②以彭祖园为中心，进一步深入挖掘其养生文化内涵，完善功能配套，打造集养生保健、养生美容、百草名医、养生茶楼等为一体的大型养生文化园区，弘扬彭祖文化品牌。

（4）苏轼文化资源的利用

苏轼在徐期间，不仅留下了大量的遗迹景点和诗词歌赋，作为知州，其勤政爱民，事必躬亲，深受徐州人民敬仰与爱戴，因此应在现有苏轼文化景点的基础上，继续对苏轼徐州诗词中的文化、底蕴与美学意义进行深入挖掘研究，并运用多种造景手法进行体现，以此提高苏轼徐州诗词文化的知名度；此外，还应深入研究苏轼在徐州的勤政爱民的民本思想与实践及现代意义并应用多样的造景手法进行展现，传承东坡精神。

（5）历史文化街区的保护和利用

徐州历史文化城区保护范围北部以古城墙为界限（北至夹河街，西至西安南路，东至民主北路，南至建国西路、建国东路），南部包括户部山、状元府历史文化街区和兴化寺及周边地区（西至中山南路，东至解放路，西南至苏堤路，东南至泰山路），用地面积3.01km²。根据《徐州市历史名城保护规划》，历史城区的保护结构为"两环、四轴、九片、多点"。历史文化街区的绿地景观建设应紧密结合保护规划进行打造，如在历史文化街区中保留适当开放空间，建设庭院绿化、小型游园、山体绿化等点线面结合的绿化网络，植物选择、铺装、小品都与周围环境相协调，营造历史气息浓厚的园林景观，使其成为徐州特有的城市园林绿化风貌片区。

①古城墙景观带：保护古城四周城墙，在有城墙保留的地段，依托古城墙建设古城墙公园，同时在城墙遗址两侧建设不少于20m的带状公园，强化古城城址轮廓；选择适当地段恢复地面以上的城墙，在各城门遗址通过景观建筑、小品等形式树立标志物，以展示名城风貌。

②建设各具特色的绿地景观文化轴：彭城路历史文化主轴沿途有西楚故宫—文庙—钟鼓楼—回龙窝历史地段—户部山历史文化街区—状元府历史文化街区，是古城徐州最核心的一条中轴线，"如果徐州是一出戏，它就是这戏里最华彩的那部分"。沿线绿地景观建设中，应将其作为徐州历史文化的特色景观轴，在道路与主要建筑、历史地段、文化街区交叉处建设绿地，留出透景线，使道路与景观有机融合，道路及绿地的铺装、城市家具、小品等深入挖掘地方历史文化内涵，统一色彩和风格，使其成为徐州历史文化的一个缩影。中山路历史文化轴线北起黄楼，南至泰山南路，沿途有黄楼、地下城遗址、汉代采石场遗址、土山汉墓等，现有的道路景观、街旁绿地如金蛙绿地、王陵路绿地等风格各异，未考虑其作为历史文化轴线的景观需求，为此应重塑道路绿地景观，街旁绿地围绕其作为文化轴线的特色重新规划设计。

（6）文物建筑的保护和利用

"建筑是本历史书，在城市中漫步，应该能够阅读它，阅读它的历史，它的意韵"，对于文物建筑，应通过有机更新的方式延续其原貌，避免拆建。文物建筑进行维修时，应沿用原有传统工艺，保持风格、色彩等的统一；除文物建筑自身之外，还要对文物建筑周围的景观以及文化承载元素进行重新设计，如对传统院落的修葺，不仅仅只限于文物建筑自身，对其院落的园林景观也应进行深入研究，精心打造。

（7）废弃采石场的开发和利用

按照"因地制宜、生态修复、覆绿留景、凝练文化"的理念进行修复。对于主城区周边的山体，以复绿为主，建设防护绿地，提高生态稳定性，对于具备条件的山体，建设成为各具特色的宕口公园，如两山口山体公园、拖龙山山体公园。建设过程中，应因地制宜，在保证地质稳定性的前提下，结合现有地形和周边环境，或地质公园，或综合公园，或文化公园，在自我修复能力强的地段，减少人工干预，保留其自然恢复状态，突出生态、自然野趣。

4. 三级景观资源的利用

（1）表演艺术类文化资源的利用

徐州现在的黄河迎宾路、以前的黄河滩上，自古就是老百姓唱戏、杂耍、剃头、农副产品交易的场所，这里记载着徐州的昨天和百姓的回忆，同时也是徐州传统文化生长的土壤。为此，建议将故黄河风光带的济众桥—建国路桥段作为徐州民间表演艺术的集中展示区，通过建筑、雕塑、景墙、植物造景等多种景观形式展现徐州民间表演艺术的魅力，同时定时举办一些表演艺术活动，使徐州宝贵的非物质文化遗产得以传承和发扬，同时也赋予故黄河风光带浓厚的地方文化氛围。

（2）民俗文化资源的利用

徐州民间工艺品有剪纸、面人、彩灯、泥玩具、糖人、木雕、石刻、纸扎、印花蓝布、草编、柳编、皮毛动物等30多个品种，为展现徐州传统艺术，建议将建国路中山路—迎宾路段两侧的奎河带状绿地作为徐州民俗文化展示轴，通过情景雕塑、铺装、植物造景等多种景观形式展现徐州民俗文化的魅力，同时定时举办民俗文化表演活动，彰显徐州民俗文化魅力。

（3）交通文化资源的利用

建设以"交通文化"为主题的公园，通过多种造景手法，集知识性、宣传性、趣味性、教育性为一体，展示徐州从昔日的"五省通衢"到今日的"全国综合交通枢纽"的发展历史，同时宣传交通安全知识，游人游览其中，即可了解徐州悠久的交通发展历史，又可受到交通安全知识教育。

（4）其他资源的利用

在城市的绿地景观建设中，将三级景观资源如名人文化、城市精神等作为景观风貌符号，结合相应场所，以建筑、雕塑、铺装、小品等形式进行体现，彰显城市文化特色。

城市绿地景观资源是城市绿地景观风貌特色形成的基础，在徐州市城市绿地景观风貌特色的营建过程中，通过对城市绿地景观资源的充分挖掘和合理利用，可进一步发挥城市绿地景观资源优势，打造独特的绿地景观风貌，提高市民对自身生活环境的认同感和归属感，提升城市形象和魅力。

参考文献

［1］池泽宽. 城市风貌设计［M］. 郝慎钧, 译. 北京：中国建筑工业出版社, 1989.

［2］张继刚. 二十一世纪中国城市风貌探［J］. 华中建筑, 2000（2）：81–85.

［3］彭远翔. 山地风貌及其保护规划［C］//山地人居环境可持续发展国际研讨会论文集, 北京：科学出版社, 1997.

［4］俞孔坚, 奚雪松, 王思思. 基于生态基础设施的城市风貌规划——以山东省威海市城市景观风貌研究为例［J］. 城市规划, 2008（3）：87–92.

［5］余柏椿. 城市设计感性原则与方法［M］. 北京：中国城市出版社, 1997.

［6］黄琦. 城市总体风貌规划框架研究——以株洲市为例［D］. 清华大学, 2014.

［7］蔡晓丰. 城市风貌解析与控制［D］. 同济大学, 2005.

［8］吴良镛. 国际建协"北京宪章"［J］. 建筑学报, 1999（6）：4–6.

［9］中共中央, 国务院. 中共中央国务院关于进一步加强城市规划建设管理工作的若干意见［J］. 城乡建设, 2016（3）：9–11.

［10］F·吉伯德. 市镇设计［M］. 程里尧, 译. 北京：中国建筑工业出版社, 1983.

［11］麦克哈格. 设计结合自然［M］. 黄经纬, 译. 天津：天津大学出版社, 2006.

［12］H. L. Gamham. 维持场所精神——城市特色的保护过程［M］. 方益萍, 何晓军, 译. 北京：华夏出版社, 2003.

［13］阿尔多·罗西. 城市建筑学［M］. 黄士钧, 译. 北京：中国建筑工业出版社, 2018.

［14］帕特里克·格迪斯. 进化中的城市——城市规划与城市研究导论［M］. 李浩, 吴骏莲, 叶冬青, 等, 译. 北京：中国建筑工业出版社, 2012.

［15］刘易斯·芒福德. 城市发展史［M］. 宋峻岭, 倪文彦, 译. 北京：中国建筑工业出版社, 2005.

［16］简·雅各布斯. 美国大城市的死与生［M］. 金衡山, 译. 南京：译林出版社, 2005.

［17］C·亚历山大, H·奈斯. 城市设计新理论［M］. 陈治业, 董丽萍, 译. 北京：知识产权出版社, 2002.

［18］凯文·林奇. 城市意象［M］. 方益萍, 何晓军, 译. 北京：华夏出版社, 2001.

［19］王敏. 20世纪80年代以来我国城市风貌研究综述［J］. 华中建筑, 2012（1）：1–5.

［20］王建国. 城市风貌特色的维护、弘扬、完善和塑造［J］. 规划师, 2007（8）：5–9.

［21］余柏椿. "人气场"：城市风貌特色评价参量［J］. 规划师, 2007（8）：10–13.

［22］马武定. 城市美学［M］. 北京：中国建筑工业出版社, 2005.

［23］张钦楠. 阅读城市［M］. 北京：三联书店, 2004.

［24］张继刚. 城市风貌的评价与管治［D］. 重庆大学, 2001.

［25］张继刚. 城市景观风貌的研究对象、体系结构与方法浅谈——兼谈城市风貌特色［J］. 规划师, 2007（8）：14–18.

［26］司马晓, 杨华. 城市设计的地方化、整体化与规范化、法制化［J］. 城市规划, 2003（3）：63–66.

［27］吴良镛. 城市特色美的认知［M］. 北京：中国社会出版社, 1991.

［28］尹潘. 城市风貌规划方法及研究［M］. 上海：同济大学出版社, 2011.

［29］周波. 关于城市风貌特色的研究［J］. 湖南城市学院学报（自然科学版）, 2009（3）：30–33.

［30］周武忠. 基于多元角度的城市景观研究［M］. 南京：东南大学出版社, 2010.

［31］王鹏. 重庆市历史文化风貌区评价体系与分级保护规划研究［D］. 重庆大学, 2009.

［32］日本观光资源保护财团. 历史文化城镇保护［M］. 路秉杰, 译. 北京：中国建筑工业出版社, 1991.

［33］黄亚平. 城市空间理论与空间分析［M］. 南京：东南大学出版社, 2002.

［34］吴伟, 代琦. 城市形象定位与城市风貌分类研究［J］. 上海城市规划, 2009（1）：16–19.

［35］陈斌. 城市特色空间的挖掘与塑造［J］. 中国园林, 2000（6）：43–46.

［36］俞孔坚. 景观：文化、生态与感知［M］. 北京：科学出版社, 2008.

［37］王祥荣. 生态与环境——城市可持续发展与生态环境调控新论［M］. 南京：东南大学出版社, 2000.

［38］王建国. 城市设计［M］. 3版. 南京：东南大学出版社, 2011.

［39］梁珍海, 秦飞, 季永华. 徐州市植物多样性调查与多样性保护规划［M］. 南京：江苏科学技术出版社, 2013.

［40］叶兆言. 江苏读本［M］. 南京：江苏人民出版社, 2009.

［41］吴洪敏. 从徐州的发展历程看概念规划［J］. 现代城市研究, 2003（3）：34–36.

［42］李勇, 杨学民, 秦飞, 等. 生态园林城市的实践与探索·徐州篇［M］. 北京：中国建筑工业出版社, 2016.

［43］王昊. 徐州城市建设和管理的实践与探索——园林篇［M］. 北京：中国建筑工业出版社, 2017.

［44］何付川，李勇，杨学民，等. 老工业基地转型发展路径探索——以徐州市创建国家生态园林城市为例［J］. 中国园林，2017，33（10）：91-95.

［45］徐州园林志编撰委员会. 徐州园林志［M］. 北京：方志出版社，2016.

［46］秦飞. 徐风汉韵厚重清越，景成山水舒扬雄秀——基于自然风物与地域文化特征的当代徐派园林［J］. 园林，2019（8）：7-14.

［47］陈蔚镇，蔡文婷. 生态园林城市建设中几个问题的透视与解析［J］. 城市规划学刊，2012，55（2）：91-96.

［48］付娆，陈洪波，潘家华. 中国生态城市建设的发展历程［M］. 北京：社会科学文献出版社，2009.

［49］张云路，关海莉，李雄. 从园林城市到生态园林城市的城市绿地系统规划响应［J］. 中国园林，2017，33（2）：71-77.

［50］蔡文婷，姜娜.《国家园林城市系列标准和申报评审管理办法》修订解读［J］. 中国园林，2017，33（4）：40-43.

［51］王昊. 徐州城市建设和管理的实践与探索——规划篇［M］. 北京：中国建筑工业出版社，2017.

［52］曹金虎. 徐州主城区内涝灾害风险评价研究［D］. 中国矿业大学，2018.

［53］中华人民共和国住房和城乡建设部. 城市绿地分类标准（CJJ/T85-2017）［M］. 北京：中国建筑工业出版社，2019.

［54］住房和城乡建设部城建司. 国家园林城市系列标准解读——国家园林城市、国家生态园林城市标准解读［M］. 北京：中国建筑工业出版社，2017.

［55］张云路，关海莉，李雄.“生态园林城市”发展视角下的城市绿地评价指标优化探讨［J］，中国城市林业，2018，16（2）：38-42.

［56］顾胜男，温小荣，余光辉. 基于RS与GIS的徐州市区绿地景观格局分析［J］. 西南林业大学学报，2012，32（5）：71-76.

［57］傅伯杰. 景观生态学原理及应用［M］. 北京：科学出版社，2011.

［58］魏绪英，蔡军火，叶英聪. 基于GIS的南昌市公园绿地景观格局分析与优化设计［J］，应用生态学报，2018，29（9）：2852-2860.

［59］Zhang Weiwei, Wu Pengpeng, Li Hong, et al. Landscape Pattern Analysis and Quality Evaluation in Beijing Han-shiqiao Wetland Nature reserve［J］. Procedia Environmental Sciences，2011,20（10）：1698-1706.

［60］Green O O, Garmestani A S, Albro S, et al. Adaptive governance to promote ecosystem services in urban green spaces［J］，Urban Ecosystems, 2016, 19（1）：77-93.

［61］何小玲，彭培好，王玉宽. 成都市主城区绿地景观格局动态变化研究［J］. 西部林业科学，2013，43（5）：30-35.

［62］王俊俊，弓弼. 西咸新区景观格局演变及其生态风险分析［J］. 西北林学院学报，2019，34（3）：250-256.

［63］Boulangeat I, Georges D, Dentant C, et al, Anticipating the spatio-temporal response of plant diversity and vegetation structure to climate and land use change in a protected area［J］, Ecography, 2014,37(12)：1230-1239.

［64］Ricklefs R E, Naturalists, natural history and the nature of biological diversity［J］, The American Naturalist, 2012, 179（4）：423-435.

［65］Tang Q, Liang G F, Lu X L, et al, Effects of corridor net-works on plant species composition and diversity in an intensive agriculture landscape［J］, Chinese Geographical Science, 2014, 24（1）：93-103.

［66］邹月，周忠学. 西安市景观格局演变对其生态系统服务价值的影响［J］. 应用生态学报，2017，28（8）：1-13.

［67］李勇，王毓银，孙昌举，等. 徐州市公园绿地建设［M］. 北京：中国林业出版社，2016.

［68］刘滨谊，贺炜，刘颂. 基于绿地与城市空间耦合理论的城市绿地空间评价与规划研究［J］. 中国园林，2012，28（5）：42-46.

［69］陈利顶，孙然好，刘海莲. 城市景观格局演变的生态环境效应研究进展［J］. 生态学报，2013，33（4）：1042-1050.

［70］齐羚. 传承·演变——江苏徐州铜山区娇山湖公园规划设计解读［J］. 中国园林，2012，28（4）：116-123.

［71］杨瑞卿. 徐州市城市绿地景观格局与生态功能及其优化研究［D］，南京林业大学，2006.

［72］刘滨谊，吴敏. 基于空间效能的城市绿地生态网络空间系统及其评价指标［J］，中国园林，2014，30（8）：46-50.

［73］吴昌广，周志翔，王鹏程，等. 景观连接度的概念、度量及其应用［J］. 生态学报，2010，30（7）：1903-1910.

［74］谷康，王志楠，李淑娟，等. 城市绿地系统景观资源评价与分析——以乌海市城市绿地系统为例［J］. 西北林学院学报，2010，25（2）：177-181.

［75］叶东疆，占幸梅. 采煤塌陷区整治与生态修复初探——以徐州潘安湖湿地公园及周边地区概念规划为例［J］. 中国水运（下半月），2011，11（9）：242-243.

［76］马玉芸. 城市景观风貌控制与规划方法探析［D］. 华南理工大学，2011.

［77］来伊楠. 生态与文化视角下徐州园林景观特色研究［D］. 浙江理工大学，2015.

［78］李茂鹏. 城市风貌特色评价体系构建研究［D］. 武汉理工大学，2016.

［79］王志楠. 城市园林绿化景观资源整合研究［D］，南京林业大学，2010.

［80］于丽华. 徐州金龙湖景区的空间景观塑造［J］. 中国园林，2009（5）：58-60.

［81］陈秋红. 用植物体现人文内涵——徐州苏公岛植物景观设计［J］. 园林，2009（5）：58-59.

［82］刘昱. 景观风貌导向的繁昌县绿地系统规划研究［D］. 安徽建筑大学，2016.

［83］李云岘. 城市文化与城市风景区建设的研究——以徐州市为例［D］. 南京林业大学，2009.